本书系国家社科基金项目“环境法实施效率研究”（批准号：13BFX130）结项成果

环境法实施的经济分析

Economic Analysis of
Environmental law Enforcement

张福德 著

人民出版社

目　录

导　论

面对日趋严峻的环境形势,人们已经形成了共识,为了达到环境治理的目的,环境法的实施是最为重要的手段之一。环境法的实施包括狭义环境法实施和广义环境法实施。狭义环境法实施仅指环境法的公共实施,涉及特定的国家机关通过环境行政执法和刑事司法活动,使环境法律规定得以在现实社会中适用,对人们的环境行为加以规制。这里的特定国家机关主要包括环保部门、公安机关、检察院和法院。广义的环境法实施,除了环境法的公共实施外,还包括环境民法部分的实施、一些公共环境实施的辅助手段,如经济措施、环境教育、环境社会规范的培养等。本书的内容主要涉及环境法的公共实施,也涉及环境社会规范培养的问题。

环境法的目的是保护和改善人们赖以生存的生态环境,治理和预防环境污染、环境公害或其他环境问题,保证人类的社会经济生活可持续发展。环境法实施首要的问题是需要制定环境法实施政策和具体策略,而环境法目的的实现,需要良好的环境法实施政策和策略。一个现实而迫切的问题是,依靠什么样的原则来制定环境法实施政策和策略,用什么标准判断、预测已经或将要制定的环境法实施政策和策略的效果,进而对环境法实施政策和策略加以调整。例如,习近平总书记曾在全国生态环境保护大会上指出,要用最严格制度最严密法治保护生态环境。这为环境治理设定了基本的原则,也为环境法的实施设定了基本的原则。依据这一原则，环境法的实施必然要进一步得到强化和扩张，即"对破坏生态环境的行为不能手软，不能下不为例"。这意味着要提高对环境违法犯罪行为的打击力度，扩张对环境违法犯罪行为的打击范围。从具体的环境法实施政策的角度讲，强化和扩张环境法的实施体现为两个方面，一个是"有罪（违法）必罚"，提高环境违法犯罪行为的制裁或惩罚率，具体的策略上来讲，是将环境违法犯罪的制裁率提高到百分之几的问题；再一个是提高环境违法犯罪行为的惩罚力度，具体的策略上来讲，对某种环境违法犯罪的罚款或刑罚提高到多大的数额或增加多长的刑期的问题。当下人们应当清楚的问题是，环境法实施的范围需要扩张但不是越大越好，对环境法的打击力度要加大但不是越大越好。因为环境法实施的强化和扩张都需要投入资源，而资源总是有限的，强化和扩张不可能是无限的，总要有一个度。再一个，环境法实施的目的是保护和改善生态环境，环境法实施的强化和扩张需要考虑目的的实现及其程度，有时过度的环境法实施的强化和扩张，未必就能收到最佳的效果。

如何确定环境法实施的度，如何衡量、预测环境法实施政策、策略的效果，这需要一个贯彻始终的原则性标准。以公平还是以效率作为环境法实施的原则性标准，可能存在着争议。我们认为，理论层面上，公平和效率应当同等待之，因为没有充分的理论上的理由可以将效率置于公平之上，或者相反，将公平置于效率之上。但在操作层面上，应当将效率作为环境法实施价值衡量的一个原则性标准。虽然公平居于价值判断的道德高地之上，但因为利益视角不同的人对公平的理解是不同的，公平或者环境公平难以形成一个较为一致同意的定义，这样的环境公平难以在操作性的实践层面上，作为一个原则性标准评价、衡量、预测环境法实施政策、策略的效果。同时，环境公平也没有形成一个明确的评价方法，不可能为环境法律实施的决策提供明确的依据和指引。法律的价值除了公平之外，还有自由、人权、安全、秩序等价值。这些价值是否可以成为环境法实施的价值标准？实际上，自由和秩序、人权和法治、公共安全和私人安全,这此价值都具有竞争性。当人们应用这些竞争性价值对项目或政策进行评价时,往往陷入两难。传统意义上的法律价值标准往往都是模糊的,也难以在社会整体层面上形成一个客观一致的价值标准,人们应用这些价值标准所作的评价就不可能是确定的并具有普遍的可接受性。效率价值以一种经济学的视角,能够提供一种较为客观一致的价值标准,补足传统法律价值之间不能进行化约衡量的局限,使那些原本抽象而复杂且无法以一种共量加以衡量的利害关系,具有了一种建立于数据基础上的对比可能性,也避免了传统价值衡量缺乏客观评价标准的弊端。这对环境法实施政策或策略的选择具有重要的意义。

效率价值可为环境法实施政策的决策提供客观的、确定的度量标准。效率价值是建立在成本收益分析基础上的收益最大化或成本最小化,成本收益分析是效率研究的方法,收益最大化或成本最小化既是行动的目标,也是评价行动好坏的标准。效率价值不仅具有一致性的定义,也具有明确的评价方法,能为环境法实施政策、策略提供一般性的评价依据。多数的环境法实施具体问题基本都涉及成本与收益问题,为效率价值适用于环境法实施问题提供了适宜的场景。涉及环境实施效率或成本最小化等问题,可以用简明的数学公式予以表达,公式中的收益和成本都能以市场交换中的商品或服务的价格为基础来进行计算,效率基本上是可度量的。某种商品或服务的市场价格是通过市场竞争获得的,是一个客观的价格,以此为基础的效率也是客观的。而客观的效率并不随着不同个体的主观价值观念而变化,它是一种确定性的价值标准。法律追求的最高境界就是它的确定性。而法律的价值除了效率具有天然确定性以外,其他的价值难有这样的属性。效率无论对于个人还是社会全体,都不会是引起争议的一个概念,在大多数情况下,大家的目标都是获得最大化的收益,或极尽可能地减少成本。因此,在一个目的共同的场合,一个客观的、明确的定义,具有明确评价方法的效率价值具有一种作为评价标准的属性。

效率价值是环境法实施的优先价值标准，是因为环境治理涉及巨大的成本。从环境损害的角度看，我国每年的生态环境损失成本占到 GDP 的 3%—4%。《中国经济生态生产总值核算发展报告 2018》数据统计指出，2015 年，全国生态环境损失总量为 26345 亿元，同期 GDP 为 72.3 万亿元，生态环境损失大约占 GDP3.6%。可以说，2.6 万亿元的生态环境损失是一个巨大的数字。从环境法实施的角度看，环境法实施成本也不低。根据最高人民法院工作报告，全国人民法院 2019 年审结环境资源案件 25.1 万件，2020 年审结一审环境资源案件 26.8 万件，2021 年审结一审环境资源案件 25.3 万件，2022 年审结一审环境资源案件 26.5 万件，其中，所涉及的执法、司法资源的投入和成本支出也是巨大的。由于近几年重视环境治理，强化环境法的实施，我国生态环境恶化的趋势得以遏制，生态环境各项指标趋向稳定并向好的方面发展。一方面是生态环境损失的巨大减少，一方面环境治理、环境法实施成本支出增加。从经济效率的方面来讲，以成本的最小化来评价环境法实施的效果具有重要的意义。

以成本与收益分析为重要工具，以成本最小化为追求目标的环境法实施效率价值，能使人们了解环境法实施活动未来发展或完成预期目标所需花费的经济合理性，指引确定环境法实施政策或策略是继续、扩张或是停止。环境法实施效率适应的另外一种场景是，社会需要法律介入的领域越来越多，而违法犯罪预防资源是有限的。这样，如何在相互竞争性违法犯罪行为预防项目或策略上合理地分配预防资源，就是一个现实的问题，也往往会引起较为激烈的争论。此时，法律实施政策的制定或实施者诉诸货币共量的成本与收益分析工具和效率概念，是一种必然的选择。对于环境法实施来讲，可能其与其他非环境法实施存在竞争性，政策制定者需要考虑将多少资源用于环境法实施的问题。在环境法实施领域内，环境行政法实施和环境刑法实施是竞争性的，不同的具体环境领域，如大气污染防治、水污染防治，针对它们的法律实施资源投入也是竞争性，也需要考虑资源的分配问题。成本与收益分析作为一种工具,它能够将客观的、货币化的价值应用到不同环境违法犯罪预防项目或政策的经济合理性的比较上,使人们较为容易地进行项目或政策的选择,以决定项目或政策的修改、扩张或中止。

人们在关注环境法实施的效率价值标准的时候,更应该关注研究环境法实施问题的方法。首先,环境法实施的研究要重视效果。环境法的目的是保护和改善人们赖以生存的生态环境,治理和预防环境污染、环境公害或其他环境问题,这就决定了环境法的实施要考虑其效果,即是否以及在多大程度上保护和改善了生态环境。在效率的视角下,环境法实施的良好效果是成本的最小化,不仅要使环境危害成本最小化,还要使环境法实施成本最小化。其次,环境法实施问题的研究要重视实际的情况。如果我们仅仅讨论理想状态下的环境法实施,那么,整个讨论可能导致与环境法的目的实现无关,因为不管我们心中所想的理想世界是怎样的,显然,还没有发现如何从所处的地方到达理想世界的办法。一个看似较好的方法是,将我们分析的出发点立足实际存在的情况,来审视环境法实施政策、策略变化的效果,以试图决定总体新情况是否比原来的情况更好或更坏。这就意味着环境法的实施要考察与其相关的成本,要考察潜在环境违法犯罪的行为动因、决策心理和决策过程,以追求最好的效果。最后,进行全面的环境法实施成本—收益的比较。一般意义上,人们所想要的只能是那些所得大于所失的行为。在私人决策背景下,当在制度安排之间进行选择时,人们应该记住,在一个既存的体制内,一种改善处境的变化可能导致其他人的损失。因此,我们必须考虑各种环境法实施政策和策略的运行成本。在不同的环境法实施政策和策略之间进行决策或选择时,我们应该考虑总的效果。对于一个具体环境法实施政策和策略的决策或选择来讲,哪一个更加有效率,要通过对各种方案的成本和效益的比较,最后选择成本最小化的政策和策略。

本书除了关注效率的概念外,还关注环境违法或守法的动因、环境违法犯罪成本、环境法实施效率的规范性分析、环境处罚的有限认知、环境社会规范、环境法实施的柔化等问题。基本的研究思路是以成本与收益分析为基本工具,以成本最小化为目的,对环境法实施效率的相关问题展开研究,希望能为环境法实施的政策和策略的制定或评估,提供一些有意义的借鉴。本书也可以作为法学研究生法经济学方面的辅助教材来使用。

第一章　效率、法律效率及环境法实施效率

当我们强调市场在资源配置中的决定性作用时，法律作为调整经济关系的主要手段，其价值判断的标准应当包含效率是毋庸置疑的。在操作层面上，当我们谋求一种标准，对有关的法律政策、制度进行取舍时，效率的标准应当予以优先的考虑。涉及环境法实施的政策和策略的取舍，效率是优先的标准。

第一节　效率的基本概念

经济学上的效率，多涉及评价行为或措施是降低了还是提高了社会福利的问题。波林斯基曾经提出了一个有关效率的简洁、易懂的定义，“效率与馅饼的大小相联系，而公平与如何分割馅饼有关”①。这也就是说，效率是指如何尽可能地做大馅饼，而公平是指如何合理地分割它。对效率含义的进一步解释可能涉及的一些概念是帕累托最优、卡尔多—希克斯效率、社会成本最小化等。

① Polinsky, A.M., *An Introduction To Law and Economics*, Boston: Little, Brown, 1989, p.7.

一、帕累托最优

在经济学里，有许多有关效率定义的形式，比如，生产效率、交换效率、国民收入最大化、福利最大化、社会成本最小化、社会财富最大化等，这些定义都与帕累托最优（或帕累托效率）及其补偿原则有密切的关系。在法律经济学里，经常使用的一个效率标准概念是帕累托最优。

1906年，帕累托最优概念最先由意大利经济学家帕累托提出。生产要素的价值重新配置，已经不可能使任何一个人的处境变好，而不使另一个人的处境变坏，就是帕累托最优。在经济学里，帕累托最优是一种自由交易条件下的经济均衡状态。在这种经济均衡状态下，任何另外的经济活动变化都会使至少一个个体的处境变坏，同时，没有使其他人的处境得到改善。如果一个经济系统或经济系统中的部分达到帕累托最优状态，就可判定经济活动处于最有效率的水平。因此，帕累托最优是判断经济活动效率的标准之一。

经济系统达到帕累托最优，是需要一定的市场条件的。首先，市场必须是一个完全竞争的市场；其次，经济活动的边际社会收益必须等于边际社会成本。福利经济学理论认为，除了信息、公共物品和外部性等主要问题外，一个完全竞争的市场将能达到对社会的稀缺性资源的帕累托最优配置。这说明，只要存在一个完全竞争的市场，经济系统就能自行达到帕累托最优，同时也说明，完全竞争的市场是经济系统帕累托最优的基本条件。

帕累托最优实现的条件是非常苛刻的，以至现实生活中不可能达到这样一种理想的效率状态，这似乎使这样的标准失去意义。但帕累托最优至少使我们明白，只要达到其实现的条件，帕累托最优就可实现。因此，我们所要做的，特别是在公共政策与法律的制定、实施过程中，是努力促成实现帕累托最优所需要的条件。当我们还无法去考察公共政策与法律变革的效果的时候，应当关注公共政策与法律的变革是否能够促成实现帕累托最优所需要的条件及其程度，因此，是否有利于促成这样的条件，可作为判断工作得失的标准之一。

二、效率的补偿性标准：卡尔多—希克斯效率

根据帕累托最优效率标准，一项最有效率的公共政策或法律制度应当使一些人的处境改善，而没有使任何其他人的处境恶化。然而，现实的情况是，一项公共政策或法律制度的转变往往带来利益的转移，一些人的受益往往以另一些人的受损为代价。这样看来，帕累托最优效率标准很难存在适应的场合，其适应性很小，必须寻求其他的替代标准。经济学中起作用的效率概念，并不是帕累托最优意义上的。当一位经济学家在谈论自由贸易、竞争、污染控制或某些其他政策以及关于世界状况是有效率的时候，他十有八九说的是卡尔多—希克斯效率。①

卡尔多—希克斯效率，源于对英国19世纪废除谷物法的讨论。如果谷物法的废除使消费者获得利益并因此而使农民受损，只要消费者有可能提供补偿，即使实际上这样的补偿没有被支付，也能说明法律的变革提高了社会福利。② 卡尔多的效率标准主要是看政策或法律制度变动后的结果，只要总体上收益大于损害，政策或法律制度的变动就是有效率的。希克斯补充了卡尔多的效率标准，他认为，判断一项政府的经济政策是否有效率，应在一个长期的时间段内考察，如果一项经济政策最终能够提高全社会的福利，尽管某些人在短时间内境遇变坏，但最终所有的人的境遇都会因社会生产效率的提高而自动变好。卡尔多—希克斯效率可表述为一政府政策或法律变革可能会使一些人受益，同时，又会使其他受损。但只要受益超过了受损程度，且受益者能够补偿受损者，即使补偿没有实际发生，但存在发生的可能性，仍可认为此项变动提高了社会福利。

---

① ［美］波斯纳：《法律的经济分析》（上），蒋兆康译，中国大百科全书出版社1997年版，第16页。

② Kaldor, N., "Welfare Propositions of Economics and Interpersonal Comparisons of Utility", *The Economic Journal*, Vol.49.(Sep., 1939), pp.549-552.

三、社会成本最小化

瑞士经济学家西蒙·德·西斯蒙弟在其1929年出版的《政治经济学新原理》一书中，首次提出了“社会成本”的概念。他认为：社会成本就是企业应负担的，由于工人失业、废物的流失等所造成的对别人和社会的一种损害。他主张，企业不仅应当考虑自身的生产成本，还应该考虑给社会带来的成本。① 广义的社会成本，是产品生产的私人成本和生产或消费的外部性侵害给社会带来的额外成本之和。狭义的社会成本仅仅指生产或消费的外部性侵害给社会带来的额外成本。

科斯从交易费用和产权制度的视角，研究了外部性或社会成本问题。他在1960年发表了《社会成本问题》一文，后人总结其经济思想为三个定理。

科斯第一定理：在不存在交易成本的情况下，初始的权利配置只要可交易，就不会影响权利的最终配置或社会福利。科斯第二定理：当交易成本为正时，权利的初始配置通过交易可影响权利的最终配置，也可能影响社会福利。此时，要考虑将权利配置给能提供较大社会福利的一方。科斯第三定理：当交易成本为正时，通过明确界定权利所实现的福利改善可能优于通过交易实现的福利改善。

科斯定理最终的推论是，效率的含义是社会成本最小化，是判断政府管制、法律制度效果的重要标准。通过科斯定理，我们可以看到，在没有交易成本的情况下，政府通过清楚完整的产权界定并允许所界定的权利进行交易，通过私人的自愿协商，可以产生资源配置的最优化效果。在这种情况下，无须政府做什么，就可以有效率地解决外部性问题。但是，交易成本为零的假设在现实中是不可能存在的，政府不做什么就可以解决外部性问题不大可能发生。科斯认为：为了进行市场交易，有必要发现谁是希望进行交易的一方，有必要

---

① 李来儿、赵烜：《中西方“社会成本”理论的比较分析》，《经济问题》2005年第7期。

通知想要进行交易的一方以及交易的条款，通过讨价还价的协商达成交易，签订合同，实施督促检查确保合同条款得到履行，等等。这些工作的成本常常是极其高昂的，在任何情况下，高昂的成本都会阻碍众多的在无需成本的市场中才可以进行的交易。① 当存在交易成本时，自愿协商的市场交易将变得困难，高昂的成本可能使交易化为泡影，想通过市场交易修正无效率的权利配置变得困难。为了避免通过市场交易修正权利配置，政府在初始权利配置时就考虑效率问题，要比较不同初始权利配置的不同社会福利，将权利配置给能提供最大社会福利的一方。外部性是权利错配的结果，要消除外部性，政府在初始权利配置时就要将权利配置给能提供最大社会福利的一方，避免通过市场交易修正错配的权利。

如果要改变错配的权利，或者有时候权利无法界定清楚，初始权利配置都不可能的情况下，政府消除外部性的途径可以是选择直接的政府管制。政府在这方面所做的事情不是建立一套需要通过市场交易进行调整的权利法律制度，而是强制性地规定人们必须做什么或不得做什么。环境权是一种无法界定清楚的权利，政府在环境治理时，可以通过法律直接规定必须做什么或不得做什么，并通过法律的实施确保人们的行为与法律规定保持一致。根据科斯定理，通过政府管制所实现的福利改善仅仅是可能优于通过市场交易实现的福利改善，因为政府管制本身也需要成本，人们不能简单地确定政府直接管制是否具有效率，要仔细地进行核算，确定政府管制的成本，并和市场或其他消除外部性的方式进行成本比较。如果政府管制消除外部性的成本更小，政府管制就是有效的。外部性本身是一种社会成本，如果政府管制有效地消除了外部性，并且成本更小，政府管制就实现了社会成本的最小化，政府管制就是有效率的。在这里，判断政府管制或者判断一项有关政府管制法律制度的效率标准，就是社会成本最小化。不仅管制要有效地消除

① Coase, R.H., "The problem of social cost", *The Journal of Law and Economics*, Vol.3 (Oct., 1960), p.18.

社会成本,还使政府管制的成本最小。

四、社会财富最大化

财富最大化是波斯纳法律经济学的基础,也是波斯纳法律经济学价值判断标准。波斯纳宣称,相比于功利主义,"财富最大化"为规范的法律理论提供了更好的基础。"我所称之为'财富最大化'的经济规范比功利主义给予了法律规范理论更为坚实的基础"①。

财富的含义是什么?在波斯纳看来,财富的含义不应该从严格的货币意义上来理解,而应该被理解为:以可获得的市场交易价格来衡量的、在一个社会中被估价的全部物品的总和,其包括了全部的有形或无形的物品。② 波斯纳的财富概念以市场交易产生的价格为基础对物品进行价值评估,避免了功利主义无法对主观效用进行评介的难题。一个自愿的双方交易可以获得财富的增量是没有问题的,即使一些物品没有进入市场进行交易,人们也可以通过相同物品的市场交易价格来对这些物品进行市场价值确认或财富衡量。即使一些物品永远不可能在市场上进行交易,例如,清新的空气、财产被盗的风险、生命的价值、痛苦感受等,都可以通过市场模拟获得"影子价格",从而对不能交易的物品进行价值评估。财富的含义,也可以从另外一个角度来理解。根据波斯纳的观点,"财富是社会中所有物品的货币价值或货币等价物价值总和,它由人们情愿为某物支付什么来衡量,或者,如果他们已经拥有了某物,它由为放弃此物人们所要求以货币形式存在的什么来衡量"③。社会财富可以两种货币形式加以估价,一种是根据支付意愿(潜在的买主愿意为某个商品

---

① Mathis, K., *Efficiency instead of justice?: Searching for the philosophical foundations of the economic analysis of law*, Berlin: Springer Science & Business Media, 2009, p.103.

② [美]波斯纳:《法律理论的前沿》,武欣、凌斌译,中国政法大学出版社 2003 年版,第 102 页。

③ Posner, R.A., "Utilitarianism, economics, and legal theory", *The Journal of Legal Studies*, Vol. 8, No.1(Jan., 1979), p.119.

所支付的最高价格）；另外一种是，如果某人已经拥有了某些商品，根据为了使潜在卖主出售商品不得不提供的最低价格。按经济学的严格意义来说，买方支付意愿实际上是边际支付意愿。对同一类商品来说，人们的支付意愿是不同的，并且是递减的。当商品数量增加时，支付意愿应当按每一单位的商品分别加以确定，以和效用递减规律保持一致。在价格与商品数量图表上，边际支付意愿可以被需求曲线替代，也就是边际支付意愿曲线就是需求曲线。根据效用递减规律，边际支付意愿曲线或需求曲线是随商品数量增加而下降的。相反，供给曲线显示了商品卖主愿意出售商品的价格趋势。一般来讲，供给曲线是随价格上升而上升的。

财富最大化是指，一个针对资源的所有权和使用权的交易或交换，如果增加了社会财富就是有益的，或者说就是有效率的或财富最大化的。当然，这个交易或交换必须是自愿的或能够自愿进行的。除非交易双方处境改善的期望能够实现，否则交易不可能发生。这也意味着，通过自愿的交易，被转移的资源在新的所有者手中更有价值。但很多的交易并不是自愿的，例如，大部分的犯罪和意外事故，还有支付赔偿或罚金的判决。人们如何知道什么时候这样的非自愿交易是增加了还是减少了效率呢？还有一种情况就是，交易成本过高，自愿的交易无法达成，此时如何提高效率？一个可行的方法就是，努力猜测在一个自愿交易可能存在的情况下，效率是否已经发生了。对于这些情况，政府可以通过管制手段来模拟市场，以实现像自愿交易一样的结果，从而提高效率。“这种方法就是在可能替代已经发生的强制交易的情况下，试图重建市场交易的可能性条件。也就是说用模拟市场的方法。”①

商品或服务的估价并不是必须发生在一个显性的市场中，没有明确的货币价格参照，商品或服务也可以进行交易。特别是在私人范围内，很多商品或服务是在隐性市场中进行交易的。例如，婚姻行为、孩子收养等可以参照显性

---

① Posner, R.A., *Economic Analysis of Law*, BeiJing: CHINA CITIC Press, 2003, p.16.

市场中出卖的可替代服务进行货币化。也可以用其他的方式进行货币化，如陈述偏好法。这意味着波斯纳所定义的财富概念，与国民生产总值、国内生产总值等概念有所不同。国民生产总值、国内生产总值是由商品价格乘以商品的数量获得的，而商品的价格和商品的数量都是显性市场中的实际发生的交易数据，这和波斯纳所说的支付愿意不是一回事。依波斯纳的观点，隐性的市场或者说"影子市场"以及相应的"影子价格"，都应当包括在社会财富的分析中。"经济学家所使用的'财富'术语不是一个会计概念，财富由人们将为一些物品支付什么来衡量（或者由放弃他们所拥有物品的交换要求来衡量），而不是由他们为这些物品支付了什么来衡量。因此，休闲是有价值的，是财富的一部分，尽管它不能被买卖。我们可以说休闲具有隐性或影子价格。"①假设人们在每天工作 10 小时获得 200 元，与每天工作 6 小时获得 120 元之间进行选择，如果你选择了后者，至少意味着对你来说 4 小时的休闲时间要比 80 元更有价值，或许 4 小时的休闲时间价值 100 元或更多。这也是一个财富最大化的选择，因为你所选择的是对你来讲最有价值的。从另外一个角度说，你可能正在交易用 80 元购买 4 小时的休闲时间，而你打算用 100 元来购买它。如此，个人和社会财富都会增加。"犯罪市场"也是一个隐性市场，有关犯罪与刑罚的有形、无形的物品，诸如财物、行为、犯罪风险、自由、生命、精神损害等，都可以寻求到相关经济学的方法来评估它们的价值，其中，财富最大化对犯罪与刑罚的效率判断具有重要的参考意义。

第二节　法律的效率价值

在经济领域，效率优先兼顾公平早已经形成共识。然而，在法律世界，效率在法律价值序列里的地位如何，还是一个具有相当争议的问题。当我们强

① Posner, R.A., *Economic Analysis of Law*, BeiJing: CHINA CITIC Press, 2003, p.16.

调市场在资源配置中的决定性作用的时候，法律作为调整经济关系的主要手段，其价值判断的标准应当包含效率是毋庸置疑的，要在立法和法律实施过程中追求效率。但我们需要进一步考察，效率是优先考虑的价值标准呢？或仅仅是参考的价值标准之一，从属于法律的其他价值标准？

价值的含义是什么？在经济学里，价值是人们对于从产品或服务所获取利益的衡量。价值是“具有精神或美学的特性，并具有使用性，可以用金钱及能够交换的物来衡量”①。在伦理学里，价值是对事物善恶的评价或衡量。如果某一个人的行为是善的，它就是有价值的。马克思认为，“价值”这个普遍的概念是从人们对待满足他们需要的外界物的关系中产生的。② 因此，从哲学上来看，价值的理解应当从主、客体的相互关系的角度来进行。价值产生于具有特定属性的客体对主体需要的满足。如果某一事物能够满足主体的某种需要，就可评价为有价值。当然，某种事物要能够满足主体的某种需要，其必须具有特定的属性或效用。法律之所以有价值，也在于它可以满足人类的需要。人类从自身的本性出发，充满了对平等或公平、秩序、自由、安全、效率等的需要，因此，应然的法律价值内容，基本上可以表述为平等或公平、秩序、自由、安全、效率等。法律是否有价值不仅取决于人类有哪些需要，还取决于法律能否记载和有助于促成实现人类的这些需要。法律记载的包含秩序、自由、安全、平等或公平、效率等的内容越多，并有助于促成实现秩序、自由、安全、平等或公平、效率等，法律就越有价值。

就平等或公平、秩序、自由、安全、效率等这些惯常提到的法律价值来说，它们之间的关系大多数情况下是对立统一的。在法律的研究文献里，法律价值的对立与统一往往是成对出现的，例如，自由与秩序的对立统一、自由与安全的对立统一、公平与效率的对立统一。在此，本书仅仅关注公平与效率的关

---

① ［英］戴维·M.沃克：《牛津法律大辞典》，李盛平等译，光明日报出版社1988年版，第920页。

② 《马克思恩格斯全集》第19卷，人民出版社1963年版，第406页。

系问题。在法律经济分析以及与其有关的研究文献里,公平与效率的关系问题处于极为显要的位置,是理论研究无法绕开的。公平与效率的关系问题,往往表现为在它们产生冲突的时候是选择效率呢,还是选择公平?进一步讲,效率与公平作为法律的价值,它们的追求是前者优先呢,还是后者?

一、公平与效率关系的不同主张

对于公平与效率的关系问题,法经济学理论与非法经济学理论,甚至不同的法经济学理论派别之间,可能秉持不同的主张,其主要表现有三种情况:效率优先论、公平优先论和效率与公平均衡论。

(一)效率优先论

效率优先论认为,效率是评介法律规则和法律制度的首要标准,凡是没有效率的法律都应当放弃或予以改变。效率也是司法或法律实施的首要目标,司法判决或法律政策首先要有利于实现效率。芝加哥法经济学派视效率为核心的法律价值,坚持“法律决策的形成和法律规则的评价都应从经济效率的角度来进行分析”①。芝加哥法经济学派并不坚持效率是社会选择的唯一价值判断标准,但基本上坚持效率是首要的价值标准。法律有多种价值标准,自由、平等、秩序、安全、效益乃至共同幸福等,任何人都不能否认这一点。经济分析法学派所做的,基本上是将效率放在法律价值序列的首位。芝加哥法经济学派代表人物科斯认为:涉及个体决策的社会制度、政策的效果判断,一个基本的事实是,在一个既存的体制内,一种改善处境的变化可能导致其他人的损失。利益得失不同,人们判断问题的视角不同,判断制度与政策的公平与合理性的标准就不同,人们难以找到一个一致的标准去进行比较和判断,因此,笼统地判断一种社会制度、政策是否公平、合理是非常困难的,也不可行。一

① [美]尼古拉斯·麦考罗等:《经济学与法律——从波斯纳到后现代主义》,吴晓露等译,法律出版社2005年版,第75页。

个较好的方法是，社会制度、政策的判断要重视实际的效果，具体一些讲，判断更好或更坏的标准只可能是经济效果，即成本的最小化问题。① 波斯纳认为：正义的最普通的含义就是效率，其是一个足够正义的概念，是一个既道德又科学的概念，是一个真正的法律价值。② 波斯纳效率的核心含义就是社会财富最大化，或者效率等同于财富最大化，这样"判断行为和制度是否公正或良好的标准就是这些行为和制度是否最大化了社会的财富"③。波林斯基认为，"效率与馅饼的大小相联系，而公平与如何分割馅饼有关"④。人们应当首先考虑将馅饼做大，然后再考虑如何分配它。因此，法律的首要价值应当是效率。

从规范的角度讲，芝加哥法经济学派认为，法律决策的实质目标应该是效率，当存在一些普通法与效率原则相背离的情形时，提出或制定新的法律规则就是必需的。衡量这些新的法律规则正当性的标准就是效率，即财富最大化或成本最小化。那些从公平、公正视角研究法律的人们，认为法律决策的目标应该是公平。这就意味着，一项法律规则即使不能导致财富最大化或成本最小化，只要符合已有法学理论清楚阐述的公平含义，这样的法律规则就是正当的。芝加哥法经济学派认为，只追求公正、公平而不顾为追求公正、公平而付出的成本，是不正义的。

---

① Coase, R.H., "The problem of social cost", *The Journal of Law and Economics*, Vol.3 (Oct., 1960), p.18.

② 波斯纳认为，"效率是一个足够的正义概念"。参见［美］波斯纳：《正义/司法的经济学》，苏力译，中国政法大学出版社 2002 年版，第 6 页。"正义的第二种涵义——也许是最普通的涵义——是效率"。参见［美］波斯纳：《法律的经济分析》（上），蒋兆康译，中国大百科全书出版社 1997 年版，第 31 页。"效率是一种真正的社会价值"。参见［美］波斯纳：《法理学问题》，苏力译，中国政法大学出版社 2001 年版，第 450 页。"效率既是一个伦理的概念，也是一个科学的概念"。参见［美］波斯纳：《正义/司法的经济学》，苏力译，中国政法大学出版社 2002 年版，第 13 页。

③ ［美］波斯纳：《正义/司法的经济学》，苏力译，中国政法大学出版社 2002 年版，第 6 页。

④ Polinsky, A.M., *An Introduction To Law and Economics*, Boston: Little, Brown, 1989, p.7.

（二）公平优先论

公平优先论者坚持公正是法律的首要价值，法律规则和法律制度的评介首先考虑公正，效率虽然也是法律的价值目标，但它的追求以不违反公正为前提。没有公正，就没有效率可言。在法律思想史上，罗尔斯的《正义论》是一部影响深远、系统阐述社会正义的著作。在开篇之初，罗尔斯就铿锵有力地宣称：正义是社会的首要价值，不管法律制度如何有效率，只要不是正义的，就必须革除它。① 接着，罗尔斯对自由、平等、公平、效率以一种“词典式序列”进行了排序，正义的第一原则是自由、平等原则，正义的第二原则是最少受惠者的最大利益原则和机会平等原则。其中，第二个优先原则是：正义优先于效率原则和最大限度追求利益总额的原则。② 从正义原则的论述中我们可以看到，

---

① 罗尔斯的原话是：正义是社会制度的首要价值，正像真理是思想体系的首要价值一样。一种理论，无论它多么精致和简洁，只要它不真实，就必须加以拒绝或修正；同样，某些法律和制度，不管它们如何有效率和有条理，只要它们不正义，就必须加以改造或废除。每个人都拥有一种基于正义的不可侵犯性，这种不可侵犯性即以社会的整体利益之名也不能逾越。……在一个正义的社会里，平等的公民自由是确定不移的，由正义所保障的权利决不受制于政治的交易或社会利益的权衡。允许我们默认一种错误的理论的唯一前提是尚无一种较好的理论，同样，使我们忍受一种不正义只能是在需要用它来避免另一种更大的不正义的情况下才有可能。作为人类活动的首要价值，真理和正义是决不妥协的。参见［美］罗尔斯：《正义论》，何怀宏等译，中国社会科学出版社 1988 年版，第 1 页。

② 罗尔斯对自由、平等、公平、效率以一种“词典式序列”进行了排序，他认为：所有社会价值——自由和机会、收入和财富、自尊的基础——都要平等地分配，除非对其中的一种价值或所有价值的一种不平等分配合乎每一个人的利益。这是一个最为基础的正义观，在其之下有两个原则。第一个原则：每个人对与所有人所拥有的最广泛平等的基本自由体系相容的类似自由体系都应有一种平等的权利。第二个原则：社会和经济的不平等应这样安排，使它们①在与正义的储存原则一致的情况下，适合于最少受惠者的最大利益，并且②依系于在机会公平平等的条件下职务和地位向所有人开放。第一个优先规则（自由的优先性）：两个正义原则应以词典式次序排列，因此，自由只能为了自由的缘故而被限制。这有两种情况：①一种不够广泛的自由必须加强由所有人分享的完整自由体系；②一种不够平等的自由必须可以为那些拥有较少自由的公民所接受。第二个优先规则（正义对效率和福利的优先）：第二个正义原则以一种词典式次序优先于效率原则和最大限度追求利益总额的原则，公平的机会优先于差别原则。这有两种情况：①一种机会的不平等必须扩展那些机会较少者的机会；②一种过高的储存率必须最终减轻承受这一重负的人们的负担。参见［美］罗尔斯：《正义论》，何怀宏等译，中国社会科学出版社 1988 年版，第 292 页。

罗尔斯并不否定效率价值。“差别原则与效率原则是相容的。因为,如果差别原则得到了充分满足,一种再分配使任何一个代表人的状况更好而不可能使另一个人更差,也就是说,最不利的代表人的期望也被我们最大限度地增加了。这样正义就被确定为是与效率一致的,至少在这两个原则充分满足的情况下是这样。”①但罗尔斯强调效率的追求,必须是在不违反正义的第一、第二原则的情况下才正当。“仅仅效率原则本身不可能成为一种正义观。因此,它必须以某种方式得到补充。”②效率的追求首先不能妨碍自由,其次不能损害机会平等原则,再者,必须使最小受惠者获得最大的利益,即符合差别原则。罗尔斯极力反对功利主义的正义观或社会福利最大化的思想,如果仅仅考虑福利的最大化而不管是谁获得了这些福利,就没有什么正义可言。“从差别原则看,不管其中一人的状况得到多大改善,除非另一个人也有所得,不然还是一无所获。”③

(三)效率与公平均衡论

效率与公平均衡论认为,效率与公平对于法律来说都是同等重要的,二者的价值位阶是相等的,不存在谁优先于谁的问题。法律经济学纽黑文学派坚持效率和公正都是法律同等重要的目标,他们拒绝相信经济效率是法律的唯一标准。财富效率并不是唯一的,法律应该从正义出发来分配财富。卡拉布雷西认为,任何事故法的体制都有两个目标,一是公正或公平,二是事故成本的最小化,一个法律制度除非考虑清楚哪些行为是好的,哪些行为是坏的和哪些行为是中性的,否则它不可能起作用。任何激励坏行为的法律制度都是不公平的,即使从经济学的角度来看,这种体制确实是有效率的。④ 我国有的学

---

① [美]罗尔斯:《正义论》,何怀宏等译,中国社会科学出版社 1988 年版,第 75 页。

② [美]罗尔斯:《正义论》,何怀宏等译,中国社会科学出版社 1988 年版,第 67 页。

③ [美]罗尔斯:《正义论》,何怀宏等译,中国社会科学出版社 1988 年版,第 71 页。

④ Calabresi G., *The cost of accidents: a legal and economic analysis*, New Haven, CT: Yale University Press, 1970, p.26.

者也认为,法的公平价值与效率价值在理念上是不分主次、先后、轻重的。人类需要公平的环境与机会,也需要高效率的财富创造。人对于法必然有公平与效率的双重价值追求。①

虽然在理念上效率与公平的价值位阶是等齐的,但是,在实际的思维过程中,总是要考虑先从哪一方开始。卡拉布雷西认为,"事实上,什么是不公正的往往比什么是公正的更加容易定义,像这样的事实,在一个体系中公正的事情,在另一个体系中可能就是不公正的,表明了最好首先考察事故成本减少的必要条件,接着再按照当下的公正的要求判断是否存在公正。"②其实,在实际操作层面上,卡拉布雷西也承认了效率价值的优先性。当分析法律规则时,效率问题要比公正问题优先考察。法律规范的效率可以在明白、易懂的规则基础上加以确定,而法律规则是否公正常常是一个非常棘手的问题。因此,法律规则的价值判断,首先可以考察责任规则的效率问题,然后再考虑消除或改变那些被认为是不公正的规则。

二、效率和公正的对立与统一

效率与公正作为法律的重要价值,它们之间的关系并不是非此即彼的,而是存在着一种对立与统一的关系。效率与公平的对立,表现为价值选择时它们之间的冲突。人们往往在卡尔多—希克斯意义上使用效率的概念,效率的追求注重的是总量上的财富(福利)最大化或成本最小化,较少关注财富或成本在不同主体之间的分配。这样就使纯粹的追求效率的理论存在明显的缺陷,即不重视收入的公正分配,甚至忽视一部分人的基本的权利。这为他人攻击效率观点创造了口实,站在道德制高点上的正义论很容易一击中的,使效率论者在理论争辩中难以招架。因此,一部分人坚持公正优先。同样,单纯的公

---

① 齐延平:《法的公平与效率价值论》,《山东大学学报(社会科学版)》1996年第1期。

② Calabresi G.,*The cost of accidents*:*a legal and economic analysis*,New Haven,CT:Yale University Press,1970,p.26.

正理论，特别是表现在分配公正上较为极端的话，容易使经济发展丧失活力，造成一种普遍的贫困。“如果在解释和适应个人自主伦理时完全不管人类的福利后果，那么就会像当代康德派法律思想家承认的那样，将导致大量的苦难。”①一些人考虑到这一点，坚持效率优先论。

效率与公平的冲突，表现为在价值选择的结果上会导致双方的相互否定。效率的追求可能导致不公平，公平的追求可能引起非效率。一项活动或一项制度可能会导致财富（福利）最大化或成本最小化，以效率的标准来评价，它是具有效率的。但从结果上考察，有效率的活动或制度可能导致社会财富在不同主体之间的累积，最终，一部分主体掌握了社会的大部分财富，而另外的主体趋向于贫困化，这导致了一种结果的不公平。掌握社会财富的主体因为有着众多的资源，具有较多的机会选择，这又导致了一种机会上的不公平。相反，一项追求公平的活动或法律制度，却未必是财富（福利）最大化或成本最小化的，这导致了社会财富（福利）的减损。

极端的效率与公平的冲突，可表现为它们的自我否定上。如果仅仅注重效率，导致社会财富在不同主体之间的分配出现极为不公平的现象，将引起社会的普遍不满，进而引起社会的不稳定或动荡，最终导致社会财富大量减少或极大的社会成本，导致了一种非效率。同样，如果仅仅注重公平，非效率的活动或制度将导致社会财富的累积停滞不前，最终导致社会的普遍贫困化，这样的低水平的公平并不是人们所追求的公平。从不同的民族、国家之间的竞争来讲，低水平的公平可能使本民族、国家积贫积弱，沦为富强国家欺凌的对象。整个民族、国家的不公平感觉，对个体来讲绝对是一种公平的灾难。

效率与公平之间又是统一的。效益是法律的基本价值目标之一，单一正义或公正的法律价值目标具有局限性，效益与公正作为基本的法律价值目标应当相互补充，即在法律实践中，要兼顾效益与公正双重的目标。② 效率导致

① ［美］波斯纳：《正义/司法的经济学》，苏力译，中国政法大学出版社2002年版，第98页。
② 顾培东：《效益：当代法律的一个基本价值目标》，《中国法学》1992年第3期。

的财富积累提供了社会公平的物质基础，为财富的公正分配提供了充足的空间和余地。结果的公平表现为社会中的每一个人得到维持其幸福的生活所应该得到的东西，这需要丰富的财富可用于个人的分配。现实生活中，导致社会不公现象长期存在的原因并不是人们没有公正的观念，而是没有充分的、可支配的财力来实现社会公正。如果高效率的经济增长，较多地积累了社会财富，更多地创造了国家的税收，国家就会有充分的财力发展教育、维持安全、扶助弱者，社会无疑会变得更加公正。如果仅有公平的制度而没有为实现公平可供分配的物质财富，社会也就没有公平可言了。从另一方面来讲，公平为效率提供了充分的社会条件。社会的公正是一个社会维持良好秩序的基础。在社会现实生活中，损害社会良好秩序的不稳定因素，往往是由不公正的感觉激发的。效率的实现要求一种稳定的社会秩序，混乱甚至动荡的社会中没有效率可言。再一个，公正往往意味着机会的平等，这能够激发个体或社会的活力和潜能，为社会财富的积累提供了人力资源的支持和良好的社会氛围。

效率和公平的统一性显示了它们之间不是绝对对立、相互排斥的，而是有着较为复杂的相互联系和作用。如果能够消解两者之间对立的张力和矛盾，这两个目标在很大的程度上可以共同地存在于我们的法律系统中，或者说，我们的法律系统能够同时容纳公平和效率的目标，也有可能同时实现公平和效率的目标。效率与公平之间并不必然存在着对立、排斥性，它们之间的对立往往表现为一种非理性的观念上的对立。其实，在人类实践中，效率和公平的任何一方从来就没有被单独放弃过，它们也融合在人们的观念和行为规则中，即便有些时候人们未必清楚如此。效率和公平的统一性告诉我们，没有必要使它们在法律的世界里绝对对立起来，也没有必要特别地强调某一方的首要地位或优先性。如果能够合理地处理好它们之间的竞争关系，使它们同时服务于人类正义的目的，将比单独强调一方而忽视另外一方会收到更好的效果。

三、法律效率价值的偏重

在理论层面上，强调效率和公平的统一性，就是要将两者视为同等重要的价值目标。但在法律实践的具体操作层面上，还是应该把更多的目光投向法律的效率价值。同时，效率和公平的统一也不是绝对的，在不同的时间条件下，针对不同的领域，效率的优先性是需要予以提倡的。

（一）现有社会物质生活条件决定了要足够重视法律效率价值

人类是社会的动物，在本质上，人的属性取决于一切社会关系的总和。人类总体和个体的需要建立在生产力和生产关系的基础之上，最为决定性的因素是生产力的发展状况。在现在的历史条件下，在经济领域选择的价值是效率优先、兼顾公平，把效率放在优先的地位，这是由我国现有的生产力发展状况决定的。我们还处在一种主要解放生产力、发展生产力的阶段，效率优先追求是生产力发展的应有之义。现在我们正处在经济转型时期，其主要的问题还是生产力问题，关键是提高生产效率的问题，经济领域效率优先的价值判断，要在较长的一个时期里坚持下去。法律制度是上层建筑，也是由生产力的发展状况决定的，其价值判断的标准也应服从于这种状况。从市场经济是法治经济的角度讲，法律制度反映着社会经济关系，规范、调整、保护、促进着社会经济关系，其价值判断的基调应当与经济领域是一致的。有的人提出来，在经济领域价值判断是效率优先、兼顾公平，在法律的领域应当是公平优先、兼顾效率。这种提法确有商榷之处。先不说，法律制度由生产力发展状况决定这一基本问题，法律作为规范、调整、保护、促进社会经济关系的工具，如果其价值目标是公平优先、兼顾效率，相对于经济领域的价值目标，如何规范、调整、保护、促进社会经济关系？即使能够这样做，带来的也是矛盾、混乱，法律的功能、效果不可能有好的体现。只要在经济领域里，我们坚持效率优先、兼顾公平，在法律的世界里，我们也应当坚持效率优先、兼顾公平，但考虑到我们的法律传统和法律特有的属性，即使我们做不到效率优先、兼顾公平，也应该给予效率以足够的重视，至少在涉及法律价值的选择上，效率要与公平等量齐观。

（二）效率可使人们更简明一致地理解法律原则、法律制度

法律的适应或实施要以法律的解释为前提，简单一些讲，就是以法律的理解为前提。因此，法律越容易被人理解，人与人之间，特别是法官与公民之间越能一致地理解法律，法律越能实现它的规范、调整、保护和促进的功能。从效率的角度，能够使人更加简明一致地理解法律。“一旦理解了普通法最精髓的经济学特性，许多普通法原则看起来就太肤浅了。只要有少数原则，例如成本收益分析、预防搭便车、不确定条件下的决定、风险回避、推动双方受益的交换等，就可以解释大多数普通法原则和决定。”①成本收益分析及追求成本最小化或福利最大化、预防搭便车、不确定条件下的决定、风险回避、推动双方受益的交换等，都是简单的、容易理解的经济规则，人们的经济行为大多受这些规则的支配或指引。以经济学为视角，从这些简单的经济规则出发，使法律的理解更加简单、一致。

从效率的视角，能使人们简明一致地理解法律原则、法律制度，还因为效率是人们共识的基础。无论是个体、企业还是国家机关，都可以效率为追求的目的，以效率为判断、评价事物的标准。在一个目的共同、价值标准一致的场合，人们对问题的判断和解决一般不会产生太大的争议。然而，在什么是公正的问题上，人们却没有共识的基础。既然公正不存在一种共识的基础，人们从不同的视角来理解问题，法律原则、法律制度的理解将变得十分复杂。

（三）效率价值标准更为客观，更加具有确定性

在实际操作层面上，效率价值可为法律适应、法律政策决策和法律规则的

---

① ［美］波斯纳：《法理学问题》，苏力译，中国政法大学出版社 2001 年版，第 451 页。

选择提供客观的、确定的度量标准。大多数法律适应、法律政策决策和法律规则的选择都涉及成本和收益问题，因而也就可以用效率的标准来加以分析。效率可以简明的数学公式予以表达，公式中的收益和成本都可以市场交换中的商品或服务的价格为基础来进行计算，效率基本上是可度量的。某种商品或服务的市场价格是通过市场竞争获得的，是一个客观的价格，以此为基础的效率也是客观的。而客观的效率并不随着不同个体的主观价值观念而变化，它是一种确定性的价值标准。法律的最高境界就是它的确定性。而法律的价值除了效率具有天然确定性以外，其他的难有这样的属性。效率无论对于个人还是社会全体，都不会是引起争议的一个概念。在大多数情况下，大家的目标都是获得最大化的收益，或极尽可能地减少成本。“从原则上看，在一个目的共同的场合，将一个法律的问题转化为一个社会科学的问题，可以使法律问题变得确定起来。”①

公正的观念大多是主观的，这是因为我们并没有把公正的观点置于一个客观的基础之上。在自主性的法律世界里，公正的观念是从某些法的精神或原则推导出来的，是一种逻辑演绎的结果，因此，这样的“正义不能够充分地解释法律，不仅因为它与数量惊人的大量法律问题无关，也因为我们没有足够的理论来解释是什么使得一些规则公正而使得另一些规则不公正。在很大程度上，我们的司法制度是结果，而不是原因——我们认为规则是公正的，是因为它们是我们提出的”②。公正之所以是主观的，还因为公正是从个人利益的视角对自身待遇的一种判断和比较，利益视角不同，公正的观念就不同。“在一个不同质的社会中，‘公正’和‘正义’的目标太有争议、太具特定性或发展得太不充分，不足以为期望获得客观公正之名誉的法官提供足够的理由来做出决定。”③同样，公正也不能提供充足的理由，使之成为判断法律政策、法律制度的客观标准。

① ［美］波斯纳：《法理学问题》，苏力译，中国政法大学出版社 2001 年版，第 484—485 页。
② ［美］弗里德曼：《经济学语境下的法律规则》，杨欣欣译，法律出版社 2004 年版，第 4 页。
③ ［美］波斯纳：《法理学问题》，苏力译，中国政法大学出版社 2001 年版，第 449—450 页。

第三节　环境法实施的效率价值

环境问题的经济本质是外部不经济性问题。经济学意义上的外部性，是指经济主体的经济活动对他人或社会所造成的非市场化影响，即经济主体从事经济活动时产生的成本或收益不能通过市场内化为该行为人的成本与收益。外部性分为外部经济性和外部不经济性。外部经济性是指经济主体的活动使他人或社会获得收益，而受益者无须为此承担成本。外部不经济性是指经济主体的活动使他人或社会受损，而行为主体却没有因此承担成本。环境污染或公害是一种典型的外部不经济性。经济主体的生产或消费行为造成了环境污染、损害，其他人承受了环境污染、损害后果，而行为主体却没有为此承担成本。环境外部不经济性的存在，扭曲了人们的环境经济行为，使社会经济边际社会成本大于边际个人成本，影响了经济效率。环境污染或公害越严重，社会经济边际社会成本超过边际个人成本越多，经济效率越低下。环境法的实施在于促进人们做出符合环境法法规和标准的经济行为，一方面减少环境污染或公害、保护环境生态，另一方面使经济行为的边际社会成本趋同于边际个人成本，促进经济效率。环境问题的本质是经济问题，是外部不经济性问题。环境法的实施是为了消除环境的外部不经济性，是为了实现社会经济的总效率，同时，环境法的实施除了要促进社会经济的总效率，还要实现环境法实施自身的效率。因此，有关环境法实施政策和策略的判断取舍首先以效率为标准是题中之义。

环境公平能否作为环境法实施的首要的价值标准？公平是法律的基本价值标准，最近二十年来，人们阐述了环境公平的价值体系，其成为环境领域重要的价值标准。环境公平主要的内容有两层意思，第一层意思应当指每一个人都平等地生活在优良环境中并且享有不受不良环境伤害的权利，第二层意思是指环境保护和恢复的义务应当与环境污染与损害的责任相对称。从种类上划分，环境公平可以分为代际公平、代内公平、种际公平。代际公平是指对于人类赖以生存的自然环境资源，后代人应当与当代人拥有同等的享有机会，当代人不能无限地使用自然环境资源并使之枯竭，使后代人失去生存的基础。当代人应当合理使用自然资源并为后代人保护好生态环境，代际公平的基本思想是保持自然环境的可持续利用。代内公平是指当代人之间享有同等的享有良好生态环境的权利，同时，对于自身行为引起的环境污染和破坏应当承担对应的保护、修复的责任。代内公平包括国内环境公平和国际环境公平，前者涉及同一国家内的人的环境权利和义务问题，后者涉及不同国家环境权利的享有和义务的承担问题。种际公平是指非人类物种应当与人类一样享有同等的依存自然环境的机会，人类不能为自己的利益而损害其他物种的环境利益。

上述提及的环境公平思想对生态环境的保护和利用具有重要的意义，蕴含着丰富的价值理念。但实践操作层面上，环境公平作为环境法实施的首要价值标准却存在着问题。在理论层面上，环境公平作为一种思想和理念具有先进性、道德正确性，但在实践层面上，环境公平价值体系太过复杂，理论观念争议颇多，其中涉及的利益繁杂，其作为一种价值判断标准，具有不明确性、不可操作性。对于代际公平，当代人要为后代人保有享有和利用环境资源的机会，但当代人是否要做出利用环境资源上的牺牲以及牺牲的程度如何，存在争议。对于代内公平，基于不同国家的利益，基于国内人不同社会层次、不同种族的环境利益诉求不同，何为具体的环境公平，纷争不断。对于种际公平，人类是否要赋予其他物种同等的道德地位，更是争议激烈。曾有学者们总结到，环境公平的解决方法呈现许多的不确定性，调控环境公平的措施难以保证有效性；环境公平的评价方法不完善，不可能作为一种评价方法服务于环境决策；环境公平更多的是一种纯理论上的研究和探索，不能在环境实践中有效应用，不能有效地为人类可持续发展的实践提供依据和指导。①

---

① 武翠芳等：《环境公平研究进展综述》，《地球科学进展》2009 年第 11 期。

环境法实施效率是一种客观的、明确的标准，是一种具有可操作性的价值工具。环境法实施效率标准的客观性、明确性、可操作性，来自环境法实施相关活动的货币化共量基础。环境违法犯罪的生态环境损害，违法犯罪的成本，执法、司法活动的成本，基本上都是可货币化的。这样，在不同时期的同一种执法、司法政策或具体措施的成本或收益可以进行准确的比较，同一时期的不同执法、司法政策或具体措施的成本与收益也可以进行准确的比较，人们在准确比较的基础上就容易进行效果上的评价。环境公平不是一种可货币化的价值标准，不同环境法实施政策和策略的评价也没有一共量的基础，人们只能模糊地判断公平与否，却不能对公平与否进行数量上的评价，这样的标准难以应用于实际环境法实施政策和策略的决策。

对于不同的效率标准，环境法实施效率的含义也有所不同。

在帕累托最优效率标准上，环境污染的外部性是经济无法达到效率的重要因素，特别是在环境污染日趋严峻的形势下，环境污染对经济效率的影响更为显著。环境法实施的目的在于减少或纠正损害环境的环境违法行为，进而消除环境污染的外部不经济性。虽然帕累托最优实现的条件是非常严格的，在现实生活中不可能存在这样一种理想的效率状态，但帕累托最优提示了经济效率的影响因素，指示了实现经济效率的基本路径。帕累托最优提供了效率判断的应然性标准。从外在的经济效率标准上讲，环境法实施的效率体现在尽可能多地或最大化地消除环境污染的外部不经济性，环境法的实施要努力促成实现帕累托最优所需要的条件——外部性的消除。考察环境法实施效果的首要标准应当是最大程度上消除环境污染的外部不经济性，这也决定了环境法实施的目标就是减少环境污染的外部不经济性或者环境污染的损害。环境法实施是通过减少、预防环境违法犯罪行为来减少环境污染损害的，环境违法犯罪行为越少，环境污染损害越小，环境法实施的效率也体现在最大化地减少环境违法犯罪行为。环境违法犯罪行为减少、预防的机制，是对环境违法犯罪者的处罚能够超过通过环境违法犯罪所获得的收益。为了降低环境违法犯罪行为水平，最大化消除环境污染损害，对环境违法犯罪的处罚不仅要超过通过环境违法犯罪所获得的收益，还应当不少于环境违法犯罪行为所造成的环境污染或破坏损失。

帕累托最优效率实现的基本条件之一，是经济活动的边际社会收益必须等于边际社会成本。帕累托最优效率实现的条件对环境法实施效率实现条件的启示，是有效率的处罚威慑必须符合三个条件：首先，执法、司法部门给出的处罚必须是有效的，即判决的处罚在乘以处罚概率后，作为预期处罚成本能够抵消环境违法犯罪所得。如果处罚不是有效的，也就谈不上是有效率的。其次，既定处罚威慑水平的处罚概率与处罚强度的组合是最优的，即边际处罚概率成本等于边际处罚强度成本，也意味着处罚概率与处罚强度的组合成本最小化。再次，处罚威慑水平是最优的，即边际处罚威慑成本等于边际环境违法犯罪的危害成本，也意味着在该处罚威慑水平下，处罚威慑成本与环境违法犯罪危害成本最小化。这三个条件对于处罚威慑效率缺一不可。本书对处罚威慑效率的探讨只是规范意义上的，意在说明成本约束下的处罚威慑的应然状态。处罚威慑效率可以作为一个标准，评价环保部门的裁决或法院的判决是否能够产生威慑效果，评估已有环境法实施政策下，为打击环境违法犯罪所投入的资源规模是否正当。当然，处罚威慑效率也可以作为一个标准，预测有效威慑的处罚判决，恰当地制定环境法实施政策、策略和选择处罚威慑水平。

在卡尔多—希克斯效率标准上，环境法实施效率的考察要建立在环境福利潜在补偿性的基础之上。由于每一项环境法的实施政策或措施很难实现帕累托最优状态，即使任何一个人的处境变好的同时不使另一个人的处境变坏；现实的情况是，一项环境法的实施政策或措施往往使任何一个人的处境变好的同时，又使另一个人的处境变坏，因此，环境法实施效率的考察需要一个替代的标准。在卡尔多—希克斯效率标准意义上，一项环境法的实施政策或措施虽然没有实现“使任何一个人的处境变好的同时不使另一个人的处境变坏”的最优状态，仅使一个人的处境变好同时使另一个人的处境变坏，但只要总体上环境获得改善,并且因处境变坏那些人的损失能够在未来获得补偿,这项环境法的实施政策或措施就可被认为是有效率的。例如,在环境法实施过程中,为了实现有效的处罚威慑水平,需要通过处罚概率计算处罚强度,这样就具体的违法犯罪人来讲,其实际受到的处罚可能高于其造成的环境损害。如此,环境法的有效实施会因减少环境违法犯罪行为而使环境改善,一些人会因此获益,但另一些人会因此受损(环境违法犯罪者受到的处罚等于其所造成的环境损害,他们并没有受损,如果受到处罚高于所造成的环境损害,他们就会受损,这也意味着处罚可能是不公平的)。虽然一些人会因此受损,但从长远来看环境会获得改善,这些人最终会获得补偿。依卡尔多—希克斯效率标准,这样的环境法实施也是有效率的。

依科斯的思路,环境法实施的效率体现在环境治理社会成本的最小化上。首先,在环境领域,交易成本十分高昂,产权界定非常困难,通过市场交易无法实现环境治理社会成本的最小化。一个环境污染的企业想通过谈判与周围的居民达成交易,其成本十分高昂,对企业和居民来讲都难以承受,足以使他们放弃交易。同时,对于清新空气、清洁水体,政府也难以界定产权。在环境问题上,政府要通过初始的产权界定实现治理的低成本化是不现实的。其次,通过直接的政府管制来消除环境外部不经济性可能是优先的选择。在这里,政府所做的不是建立一套促进市场交易的环境法律制度(即使这样做也无法有效降低高昂的交易成本),而是通过环境法律规定人们必须做什么或不得做什么并强制性地要求人们必须遵守环境法。这里的强制性必然是通过环境法的实施体现的,因此,环境法的有效实施可能是一种低成本的环境治理方式,至少与市场交易相比是这样的。即使环境法的实施可能是一种低成本的环境治理方式,也不能绝对地说一种最优的,因为环境法的实施也需要成本,人们需要仔细地、周详地比较各种政府管制的成本与收益,从而确定哪一种环境治理方式是一种成本最小化的或者有效率的。即使环境法实施本身也存在成本最小化的问题,人们需要厘清各种的环境法实施策略的成本与收益,从而选择最优的环境法实施水平。环境法的实施包括环境刑事司法、环境行政执法，环境行政执法可以分为强制性执法和合作性执法（或刚性执法和柔性执法）。人们也需要比较不同的环境法实施方式的成本与收益，来选择成本最小化的环境法实施方式及其组合。

第二章　环境守法或违法的动因

环境污染、公害等环境问题的形成,源于人类不良的环境行为。环境法实施的目标在于改变人们的环境不良行为,或者说抑止、减少、预防环境违法行为,包括环境行政违法行为、环境犯罪行为,促使人们实施环境合法行为。了解影响环境行为主体的行为动因,才能有的放矢地规制环境违法犯罪行为,有助于制定合理的、有效的环境法实施政策和策略。违法或守法的动因可以包括:理性效用最大化、预期的满意结果、社会压力、个人道德、法律正当性认知等。

第一节　理性效用最大化

理性效用最大化是主流经济学对人类行为逻辑的基本假设,其基本内容是:"行为主体在具有充分有序的偏好、完全的信息和完备的计算能力与记忆能力的情况下,能够比较不同行动方案的成本与收益,从中选择净收益(或利润)最大化的方案来付诸行动。"①从经济学理性选择理论来看,经济行为的基

① 魏建:《法经济学:分析基础与分析范式》,人民出版社 2007 年版,第 27 页。

本动因是行为主体对利润最大化或效用最大化①的追求，哪一个行动方案能够实现利润或效用的最大化，行为主体就会选择实施这个行动方案。违法犯罪行为也是如此。“人们总是理性地最大化其满足度，一切人在一切涉及选择的活动中均如此。犯罪也是人的一种行为选择，当罪犯决策是否选择实施犯罪的，非货币性满足及货币性满足都进入了个人的最大化计算，他选择了犯罪，是因为犯罪最大化了其满足度。”②效用最大化是行为主体选择守法或是违法的基本动因。法律经济学家一般认为，违法犯罪是行为选择的结果，在本质上与其他的行为没有什么不同。违法犯罪者之所以要选择实施违法犯罪行为，一个最为现实且直接的原因就是通过违法犯罪可以实现预期利润的最大化。这与行为主体是不是一个道德败坏的人，是不是一个生理、精神或心理反常之人并不直接相关。“当某人从事违法行为的预期效用超过将时间及另外的资源用于从事其他活动所带来的效用时，此人便会从事违法行为，由此，一些人成为‘罪犯’不在于他们的基本动机与别人有什么不同，而在于他们的利益同成本之间存在的差异。”③作为一个理性经济人，潜在违法罪犯者总是追求其满足度的最大化或自我利益实现的最大化，其违法犯罪行为的决策取决于对未来行为预期成本与收益的对比分析。当且仅当行为人的违法犯罪预期收益超过了其预期成本，并且没有其他的选择能为自己带来更大的纯收益的时候，行为人才去选择实施违法犯罪行为。

将违法犯罪的动因归于理性选择或效用最大化，可以追溯到更早的法律理论。19 世纪以贝卡里亚和边沁为代表的刑事古典学派，基本上奉行犯

---

①　在主流法经济学里，决定犯罪选择的原因是预期效用最大化的追求。尽管不同的学者可能使用不同的词汇，如效用、满足度、自我利益、净收益，但它们在本质上没有必要详加区分，可由效用予以涵盖。预期效用是现代主流经济学使用最为广泛的一个词汇，它是指在风险环境下，行为者依某种结果发生可能性的大小，对未来事件所发生结果的度量。在经济学里，效用的含义是比较模糊的，可以容纳较多的内容，既包括那些有形的物质利益，如金钱，也包括那些无形的精神体验，如情欲等。

②　［美］波斯纳：《法理学问题》，苏力译，中国政法大学出版社 2001 年版，第 442 页。

③　［美］贝克尔：《人类行为的经济分析》，王业宇等译，上海人民出版社 2008 年版，第 63 页。

罪是人类理性选择的思想。他们相应地受到洛克和休姆的功利主义哲学的影响，相信人的本性基于快乐的寻求和痛苦的避免，人类的行为合乎逻辑地、有组织地围绕效用最大化的算计来进行。“天理已将人类置于两个至高无上的主人——痛苦和快乐的统治之下，唯有他们指出了人们应该做什么以及决定了人将要做什么，是非标准和因果关系都由他们来决定。”①受这一思想的指引，刑事古典学派的学者提出了一种通过影响理性的动机来控制行为的方法。“只要刑罚的恶果大于犯罪所带来的好处，刑罚就可以收到它的效果。这种大于好处的恶果中应该包含的，一是刑罚的坚定性，二是犯罪既得利益的丧失。除此之外的一切都是多余的”②。贝卡里亚和边沁的理性犯罪的思想主要包括：1. 人类是理性的行为者；2. 理性包含结果和手段的计算；3. 人们基于自己的理性计算自由选择他们的行为，包括合规行为和越轨行为；4. 计算的要素是成本收益分析，即快乐和痛苦；5. 选择以个人快乐的最大化为导向；6. 通过对可能被强加的痛苦或惩罚的感知和认识，行为人的行为选择可以被控制；7. 刑罚的及时性、严厉性和确定性是保证威慑效果的关键因素。

将违法犯罪的原因归结为单一的经济理性，与人们的日常的直觉和观察并不十分相符合，违法犯罪的原因事实上是丰富多样的。有的学者批评道，“理性选择理论将丰富的人类活动视为简单的成本、收益的计算，并以此为基础来评价法律制度及其实践，是极端轻率的，这样做没有什么研究价值”③。法经济学者强调，一切科学都涉及抽象，分析具体事物的目的就是通过抽象发现一个自然规律。经济学看来是要抓住了它试图解说的那种现象的一个重要部分，尽管只是一小部分。④ 法律经济分析的目的并不是要多么地符合具体

① [英]边沁：《道德与立法原理导论》，时殷弘译，商务印书馆 2000 年版，第 1 页。

② [意]贝卡里亚：《论犯罪与刑罚》，黄风译，中国法制出版社 2005 年版，第 50 页。

③ Robert E.Scott, “The limits of Behavioral Theories of Law and Social Norms”, *Cardozo Law School Working Paper*, (Sep., 2000).

④ [美]波斯纳：《法理学问题》，苏力译，中国政法大学出版社 2001 年版，第 457 页。

的现象或观察，而是从这些具体的现象或观察中抽象出反映事物本质的事实或规律，以此为基础构建行之有效的理论。评价理论基础的合理性，并非来自其是否符合具体的观察，而是看以此为基础所构建的理论是否对预测人类的行为有效。“一种理论的检验不在于其假设的现实性而在于其预测力。”①将违法犯罪的原因归结为单一的经济理性，就与经济学有了同一的理论基础。这样，法学可以借用已有的发展成熟的经济理论和分析工具，构建完整且有效的法律理论，用以指导法律的制定和实施，达到法律的目的。

第二节　预期的满意结果

行为选择归因于预期的满意结果，是有限理性经济理论对人类经济行为动因的总结。对新古典经济学完全经济理性理论进行系统批判，并能形成完整理论体系的经济学流派是行为经济学，其批判新古典经济学只重视效用最大化的行为表现或结果，而忽视行为人现实的决策模式。行为经济学认为，行为选择模式应该建立在人类认知理论的基础之上，并与人类的实际认知水平相一致。有关行为选择方式的研究应当关注主体行为决策的过程，关注行为人如何比较那些可选的决策。局限于特定的知识结构、有限的计算能力和有限的时间，人类的认知水平是非常有限的。与此相一致，人类的行为决策是在对可能的行动结果信息认知不全面或不准确的情况下做出的。即使当事人能够通过计算获取全部的可选结果，他也可能因为不能准确地认识自己的偏好序列而不能作出正确的选择。这不同于完全经济理性的行为选择模式。行为经济学强调人类是在约束性条件下，基于有限理性进行行为选择。在有限理性的框架下，人们不可能使选择的行动达到效用最大化，只能达到一种预期的满意结果。

---

①　[美]波斯纳：《法律的经济分析》（上），蒋兆康译，中国大百科全书出版社 1997 年版，第 292 页。

行为经济学家认为，在行为选择模式上，基于行为人有限的意志、有限的计算能力、有限的信息，他们大多数情况下并不是依据效用的最大化进行决策，而是按照固有的心理或认知规律进行决策。首先，人们可能基于启示与偏见进行决策。启示是行为人对于未来事件发生概率的片段性认识。偏见是行为人主观上形成的对未来事件发生概率判断的偏差。启示和偏见是由于行为的认知遇到了不能克服的困难或心理受到环境因素的影响，使主观判断的事件发生概率偏离于客观真实概率而形成的。人们在启示与偏见的基础上进行决策，简化了决策过程，降低了决策成本，虽然会产生决策错误，但不至于使人们在纷繁复杂的世界里踌躇不前。其次，人们可能受生理欲望、习惯和嗜好的主导而放弃效用最大化的行为。减肥者的最大效用是追求苗条的身材，但其可能因饥饿而过量进食。保持健康是人类最基本的效用追求，大家都知道吸烟有害健康，但还保持这种不良嗜好。生理欲望不当满足、不良习惯和嗜好的保持，也可能给行为者带来暂时的快乐效用，但大多与人类的长期效用相冲突，它们都不是一种理性的决策。最后，人们可能基于产出不相关的环境因素进行决策。完全理性理论认为，只要环境因素不影响当前行为选择的产出，就不会影响行为选择。行为经济学验证了在一些情况下，虽然环境因素不影响行为选择的产出，却能够直接对行为选择产生影响。最为典型的例子是禀赋效用，例如，与其他人拥有的物品相比，尽管价值相同，行为人却常常对自己拥有的物品给予更高的评价；再如，人们常常对损失的评价高于对同等数额的收益的评价。禀赋效用实质上是人类的一种行为选择心理。

尽管强调行为选择的心理因素，现代行为经济学并不全盘否定新古典经济学，基本接受了新古典经济学的理论基础和方法论基础。行为经济学坚持了新古典经济学的理论“硬核”，所修正的是外围的辅助性假设。行为经济学作为一种新的经济分析范式，还不能完全替代新古典经济学分析范式，而且，它的理论生命力还要依赖新古典经济学理论；新古典经济学的简洁能够确保一些基本因素的逻辑关系更为清晰，也更有利于理论本身的科学构造。[1] 正如卡梅瑞和洛温斯坦所指出的,"新古典经济学通过效用最大化、均衡和效率建立了较完整的经济和非经济行为分析理论框架,并使得这种分析能够进行实证,这使得新古典经济学的分析仍然是有用的,新古典经济学作为一个基本的分析基准,还是具有很强的生命力的"[2]。行为经济学的科学发展,也是在新古典经济学的基础上增加了一些符合人类心理事实的内容。模型的建立,基本上是在新古典经济学原有模型基础上引入心理学事实的假定来完成。其中,个体最优化的框架并没有发生变化,变化的是两个方面:一方面是目标函数不再是单一的新古典效用函数,而是行为经济学的价值函数,这些函数的最大特征就是包含了各种心理因素。另一方面是对最优化过程施加了某种限制,虽然同是最优化,但行为经济学的结果已经是施加了诸多约束条件后的最优解,只能是局部最优,不再是全局最优。

现代行为经济学坚持经济理性的"硬核",也不否认人类效用最大化的行为动机,只是强调效用最大化选择的困难和约束性条件。现代行为经济学通过引入符合心理事实的内容,使经济学理论结论更加符合事实,更加准确,提高了经济理论的预测力和解释力。反映在法学上,行为法经济学没有颠覆预期效用最大化作为违法犯罪动因的观点,其在违法犯罪动因分析上,引入行为人心理事实因素,最后的结论可能更加接近实际或更加准确,有利于法律实施预期目的的实现。对于处罚威慑问题,传统的经济分析认为,潜在的违法犯罪人依据客观实际的处罚概率进行违法犯罪决策;而行为经济学认为,违法犯罪人根据自己所认知的"感知处罚概率"进行违法犯罪决策。行为经济学对于法律的另外一层重要意义,是从克服有限理性的角度来理解如何实施法律。法律实施部门在具体的执法、司法过程中,应当注意形成这样的一个环境,限

---

① 刘凤良等:《行为经济学:理论与扩展》,中国经济出版社 2008 年版,第 34 页。

② Camerer, C. and G., " Loewenstein. Behavioral Economics: past, present and future ", In Advances of Behavioral Economics, C. Camerer, G. Loewenstein and M. Rabin (eds.), Princeton: Princeton University Press, 2004, pp.3-51.

制那些使行为人作出非理性选择的因素发挥作用，使行为人获得更多的信息并在此基础形成准确的主观认知，从而作出符合正当目的的最优化决策。

第三节 社会压力、个人道德、法律正当性认知

理性选择理论对行为的解释和预测，建立在“后果”逻辑基础之上，其认为行为主体根据他们各自对预期后果的计算，在不同的行动方案中做出合理的选择。社会规范理论对行为的解释和预测，建立在“适当”逻辑基础之上，其认为行动的选择跟义务、社会认同和正当性有关，受社会压力、个人道德或认知的正当性所驱动。社会规范理论认为，行为人倾向于遵守法律，是出于对社会压力的考虑，或出于对个人道德义务的遵守，或出于一种正当性的认知。

大多数的经济理论都排除或忽视社会压力、个人道德或正当性认知对经济行为选择的影响。事实上，相当一部分的经济行为会受到上述提及的社会规范因素的影响，很多事实的观察和实验可以证明这一点。例如，西方人一般会在餐馆用餐后付小费，即使偶尔在这家餐馆用餐或以后不打算再在这家餐馆用餐。付小费丧失了金钱，却不是为了未来获取收益。这说明，行为人不仅仅是依效用最大化来选择行为，而是为了遵守付小费这一社会规范。再如，很多人会将捡到的钱包一分不动地返还失主，很多慈善的捐助是匿名的，这些行为的目的不仅是获取金钱利益。

涉及法律行为，行为人也可能为了遵守社会规范而守法。有的研究者证实，除了实质的利得和损失，道德义务感、正当性认知是渔民遵守渔业管理法规的重要决定性因素。① 在税法领域，有的研究者证实，当纳税人认同归属于群体的社会规范时，他们将内化该规范并按规范行事，社会规范能够引起共同

① Kuperan, K., & Sutinen, J. Blue Water, "Crime: Deterrence, Legitimacy, and Compliance in Fisheries", *Law & Society Review*, Vol.49, No.2.(1939), pp.309-338.

的遵守税法的行为。[①] 在环境法领域，众多研究证实，影响环境守法的重要原因，除了处罚概率、制裁水平以外，社会压力、正当性认知也是公司守法的重要影响因素。当受到来自股东、社区、同业公司等社会公众的压力时，公司很可能遵守环境法。环境法实施结果的有效性、适当性和执法的公平性，也会决定公司的守法。[②] 从社会规范理论视角来看，环境守法的动因可包括：社会压力、个人道德和法律正当性认知。

一、社会压力

社会规范是指特定社会群体成员共有的行为规则和标准，其可以因外部的制裁或奖励而发生作用，也可以内化成个人意识，即使没有外来的激励也会被遵从。[③] 社会压力是社会规范对人们的行为选择产生作用的基本形式。社会压力往往表现为一种社会制裁或社会奖励。当个体不遵守或违反个体所处群体的社会规范时，其会受到一种制裁，往往表现为个体受到排挤、排斥或者无法获得其他群体成员的帮助或恩惠，就像被群体放逐了一样。当个体遵守个体所处群体的社会规范时，其会受到一种奖励，往往表现为个体受到其他群体成员的尊重和认可，也往往容易获得其他群体成员的帮助。无论是制裁还是奖励，都会对个体产生无形的压力，促使个体遵守社会规范。特定群体形成社会压力的条件，是社会规范获得普遍的遵守。群体中遵守社会规范人数的比例越高，社会压力越大，也意味着较少的人去违反社会规范。实证研究显示，当社区和同伴群体存在越多的违规者，特定的个体越可能是一个违规者。[④] 这也证

---

① Feld L.P., Frey B.S., "Tax compliance as the result of a psychological tax contract: The role of incentives and responsive regulation", *Law & Policy*, Vol.29, No.1.(2007), pp.102-120.

② Dao M.A., Ofori G., "Determinants of firm compliance to environmental laws: a case study of Vietnam", *Asia Europe Journal*, Vol.8, (Jan., 2010), pp.91-112.

③ 郑晓明等：《社会规范研究综述》，《心理科学进展》1997 年第 5 期。

④ Sutinen J.G., Kuperan K., "A socio-economic theory of regulatory compliance", *International journal of social economics*, Vol.26, No.1.(1999), pp.174-193.

实了社会规范获得普遍的遵守,是特定群体形成社会压力的前提,是个人遵守社会规范的前提。对社会规范的遵守,成为个体选择行为的动因。

每一个法律规范的背后,相对应地存在一个社会规范。例如,不得伤害人的刑法规范背后,存在着一个不应当伤害人的社会规范;不得滥捕龙虾的行政管理法规背后,存在着不应当滥捕龙虾的社会规范。对社会规范的遵守促进了对法律规范的遵守,或者有时也意味着对法律规范的遵守,因此,社会规范的遵守可视为一种守法行为的动因。在环境领域,不得超标排放污染物的环境法规背后,存在着不应当超标排放污染物的社会规范,因此,对环境社会规范的遵守会成为环境守法行为的动因。这里应当清楚,环境社会规范成为守法的动因需要一个前提,即环境社会规范获得普遍的遵守;还要清楚的是,环境法的立法和执法不见得导致环境社会规范的普遍遵守。环境法的有效实施和合理的环境立法、执法,才能够促进环境社会规范的普遍遵守。

二、个人道德

在一些情况下,当违法所得超过了预期惩罚时,行为人还是坚持守法,这往往是出于一种“做正确事情”的需要。① 这就是说,此时行为人表现出了具有一种义务去遵守一定的价值观。个人道德既是一种体现了内在化价值的义务担当,也是一种“做正确事情”的内在道德倾向或义务感。个人道德也可视为个人道德规范,其建立在内在化的价值基础之上,是个体自我坚守的行为标准或规则。个人道德规范的遵守或违反,会使行为个体产生愉悦或内疚。愉悦感可以视为自我奖励,内疚可以视为自我制裁,自我奖励或自我制裁构成个人规范得以执行的保障。个人道德对行为产生影响的前提,是该行为所体现的社会主流的价值观内在化为个体的价值观。体现社会主流价值观的行为标准或规则,实质上就是社会公德。个人的道德水平,即个体内在化社会公德的

① Sutinen J.G., Kuperan K.,“A socio-economic theory of regulatory compliance”, *International journal of social economics*, Vol.26, No.1.(1999), pp.174-193.

水平或者个人道德与社会公德的一致性程度,决定着个人遵守社会道德规范的程度。法律也是行为规范,其体现的价值观内在化为个人的价值观,或者说,法律的价值观与个人的价值观相一致,个体就会认为守法是在"做正确的事情",其就存在守法的内在激励,不待法律的强制也会去实施合法行为。个人道德是一个重要的动因,可用来解释人们的守法行为。

在环境领域,个人环境道德是环境守法的潜在动因。说到潜在动因,个人环境道德能够促进环境守法存在约束性条件。这些约束性条件包括:环境价值的内在化、守法成本、立法和执法的正当性等问题。如果环境价值没有内化为个人价值的一部分,个人环境道德很难促进环境守法。环境危害最终会体现在对个体社会成员的危害上。为避免环境问题的日趋严峻,每个人基于自身利益的考虑,会越来越多地认识到环境保护的必要性,环境价值会越来越多地内化为个人价值的一部分。整个社会对环境保护的重视,环境执法的深入开展,也会促进环境价值内化为个人价值。可以说,个人环境道德对环境守法的促进作用是趋于强化的。个人环境道德对环境守法的作用可能会受到守法成本的影响。对于成本较小的环境守法行为容易受到个人道德的激励,但对于较高成本的守法行为则需要正式环境执法的激励。

三、法律正当性认知

这里的正当性主要指立法、执法、司法的公平性、合理性。法律的正当性是社会压力、个人道德促进守法意愿的重要约束性条件。在一定程度上,当个体认为法律是正当的,并符合他们内在的规范时,他们就会倾向于遵守法律。[①] 如果法律缺失正当性,无论立法上,还是执法、司法上缺失公正合理性,社会压力、个人道德就很难促进个体的守法意愿,相反可能成为促进违法的一种动因。法律的有效性,特别是法律实施的有效性,不是体现在发现和制裁了

---

① Dao M.A., Ofori G., "Determinants of firm compliance to environmental laws: a case study of Vietnam", *Asia Europe Journal*, Vol.8, (Jan., 2010), pp.91-112.

多少违法犯罪行为，而是体现在法律的实施是否对大量的执法、司法机关没有发现和无法察觉的潜在违法犯罪行为产生影响。在一种确定的强制性执法、司法无法触及的场合，如果个体行为者对法律的正当性产生怀疑，他们就不大可能去自觉地遵守法律。个人道德作为守法动因的前提，是法律价值内化为个人的价值，法律价值内化的开始是个体能够认可、接纳法律价值，或者说，法律价值能够符合个体内在的公平价值观。如果个体认识到法律是不公正的、不合理的，与其内在的公平价值观相背反，个体就不可能认可、接纳法律价值，更有可能会排斥、抵制法律价值，法律价值的内化也不可能开始，个人道德对守法的激励作用就不可能产生。社会压力对守法产生作用的前提，是与法律规范相对应的社会规范获得普遍的遵守。当法律价值没有内化为个人价值的时候，个体就不会去自觉遵守法律规范，相应也不会去自觉遵守与法律规范相对应的社会规范。这样，在社会层面上，社会规范就不会获得普遍的遵守。在大多数人都不遵守社会规范的情况下，就不存在一种社会压力去迫使个体遵守社会规范。这样，社会压力作为一种非正式的外在强制性激励，也不会对守法行为产生积极作用。

在环境领域，环境法的正当性有利于环境价值内化为个人价值，促使个体形成个人环境道德，有利于形成个体环境守法的内在自觉激励；环境法的正当性也有利于促进环境社会规范的普遍遵守，进而形成促使个体遵守环境社会规范的社会压力，有利于形成个体环境守法的非正式外在强制性激励。个人环境道德和环境规范遵守的社会压力会相互影响，相互强化，共同地对环境守法产生积极作用。

第四节　守法动因对于环境法实施的启示

违法或守法的动因提供了一种具有洞察力的解释环境违法或守法行为的视角，借此对环境法实施的政策和措施的制定形成有意义的启示。

基于理性选择理论，环境违法犯罪行为的动因在于环境违法犯罪所得大于环境违法犯罪的成本，能够实现行为个体预期效用最大化的追求。这就意味着要使环境法实施对环境违法犯罪行为产生有效的抑制效果，环境法实施对环境违法犯罪人所强加的成本必须能覆盖环境违法犯罪所得。在这里，不仅仅要使被处罚个案的环境违法犯罪成本覆盖环境违法犯罪所得，而且要考虑行为预期的成本与收益，即考虑在既定的处罚概率情况下，行为预期的成本与收益是多少。处罚概率是环境法实施中非常重要的问题，而环境执法、司法机构往往忽视处罚概率，导致不能正确地评估环境违法犯罪的预期成本，最终会影响环境法实施对环境行为影响的有效性。处罚概率是环境违法犯罪行为被制裁的数量与环境违法犯罪行为总数的比值。在环境法实施过程中，并不是全部的环境违法行为都会被发现并受到制裁。考虑到法律实施资源的有限性和竞争性，处罚概率总是小于 1 的，这是一个客观的事实。在处罚概率小于 1 的情况下，基于理性选择的行为人，其在进行成本与收益的比较时，不仅仅是将预期的违法犯罪收益与预期处罚成本进行比较，最为重要的是，还要将预期的违法犯罪收益与按处罚概率折算后的预期处罚成本进行比较。例如，在不考虑处罚概率的情况下，假如行为人在本案中的违法犯罪所得是 100 元，环境执法、司法机构往往认为给出的制裁大于 100 元就可以收到抑制行为的效果。但在处罚概率小于 1 的情况下，假如，处罚概率为 0.2，即只有 20%的环境违法犯罪行为受到制裁，行为人对处罚成本的预期会打 2 折，即乘以 20%。假如对同类环境违法犯罪行为的处罚为 100 元，行为人会认为折后的违法犯罪成本仅仅为 20 元，因为该类行为的处罚概率是 0.2，因此，不考虑处罚概率所提供的处罚不足以抵消环境违法犯罪收益。环境执法、司法机构应考虑将处罚除以 0.2，即增加 5 倍，才能使处罚足以抵消环境违法犯罪收益，使环境法实施产生有效的结果。

基于有限理性选择理论，环境执法、司法机构在进行环境法律实施政策与策略的选择时，要考虑行为人固有的心理或认知规律。理想的环境法实施效果的实现，是指在既定实施策略中的处罚威慑水平（处罚概率与处罚强度的不同组合）下，潜在违法犯罪人有关处罚概率与可能的处罚强度的主观认知，要与客观的处罚概率和处罚强度相一致，并在此基础上进行违法犯罪决策；当实施政策调整时，如提高或降低环境违法犯罪的威慑水平，潜在违法犯罪人有关处罚概率与可能的处罚强度的主观认知，会做出与客观的处罚概率和处罚强度相一致的变动，并相应影响违法犯罪的决策。但是，由于处罚认知的有限性，潜在违法犯罪人可能无法准确认知客观的处罚概率和处罚强度，也无法与客观的处罚概率和处罚强度的变动保持一致，这使环境法实施有效性的实现受到很大的局限。要实现环境法实施的有效性，环境执法、司法机构要重视潜在违法犯罪人的处罚认知对威慑实现的影响。处罚认知的有限性是一种客观现实，环境法律实施策略必须建立在这一客观现实情况之上。处罚认知的有限性对环境法实施有效性的实现有两个方面的启示，一个是要减少处罚认知的有限性，再一个是基于处罚认知的有限性确立环境法实施策略。减少处罚认知有限性的主要措施包括：（1）环保部门或法院要重视环境违法犯罪的处罚概率与处罚强度信息的收集、整理工作。（2）环保部门或法院要及时面向社会提供全面的环境处罚信息，主要应包含以下几类：①整体的环境执法、司法政策。②环境违法犯罪形势和针对环境违法犯罪形势治理措施的分析研究报告。③环保部门、公安部门针对环境违法犯罪所投入的人力、物力和破案率。④环保部门、法院针对环境违法犯罪的处罚概率和处罚强度，所有的已审定案子的裁定书、判决书等。在这些处罚信息中，最为关键的是跟违法犯罪决策密切相关的破案率、处罚概率和处罚强度等信息。（3）环保部门或法院的判罚应保持规范性、一致性、连贯性，形成简洁明了的处罚、量刑标准，使潜在违法犯罪人能够较为准确地估算将要实施的环境违法犯罪行为可能受到的处罚强度。环保部门或法院要基于处罚认知的有限性确立环境法实施策略。处罚认知有限性是一种由违法犯罪决策环境复杂性、有限的人类认知能力所决定的客观事实，它也不可能通过采取某些措施而被彻底消除。一种正确的做法是,环境法实施策略的制定和实施可以利用刑罚认知有限性,这样可使环境法实施策略更加符合实际情况,也更加有效率。刑罚认知有限性的利用包括:可得性启示利用,基于认知偏见调整处罚策略,基于框架效用调整处罚策略等。

基于社会规范动因理论,环境法律实施的有效性和效率,依赖环境社会规范、个人环境道德的遵守和环境法律实施的正当性。在本质上,环境守法是以环境守法意愿为前提的,如果不存在环境守法意愿,环境守法不可能从根本上获得持久性保障。以是否具有强制性为标准,环境守法意愿保障手段可分为强制性手段和非强制性手段,强制性手段又可分为正式强制性手段和非正式强制性手段。以环境行为人视角为标准,环境守法意愿保障手段可分为外在性手段和内在性手段。环境法律实施是正式的、外在的强制性手段,环境社会规范是非正式的、外在性强制手段,个人环境道德是内在性手段,环境法律实施的正当性是影响环境守法意愿的外在性因素。但一旦行为人认知到环境法律实施的正当性,对环境法遵守的自愿性就会增强,环境法律正当性的认知是影响环境守法意愿的内在性因素。不同的环境意愿保障手段,其发生作用的场合是不同的。无疑,强制性的正式环境法律实施,是确保环境守法意愿的主要手段。但是,由于执法、司法资源的有限性,环境法律实施的触角不可能是无处不在的。很多情况下,环境行为的决策是在环境法律实施的视线之外进行的。大多数情况下,环境法律实施的有效性取决于行为人在未被发现和无法被察觉的情况下的遵守环境法的行为。要确保社会全员环境守法,还要依赖环境社会规范、个人环境道德对不正当环境行为的约束作用。而环境社会规范、个人环境道德是无处不在的,在有些情况下,它们对环境行为的约束作用是强制性法律手段无法替代的。同时,环境法律实施的成本可能是非常高昂的,而环境社会规范、个人环境道德的遵守不需要太多的成本。通过环境社会规范、个人环境道德来促进环境法的遵守,无疑会提高环境法律实施的效率。同样,环境法律实施的正当性也会影响环境守法意愿。在很多情况下,行为人倾向于遵守环境法律,是因为他们认为环境法及其实施是正当的,并符合其内在化的价值规范。很难想象,行为人认定环境法及其实施是不正当的,与其内在的适当性价值标准相背反,他们还有意愿去遵守环境法。

这里应当强调,在我国现有的情况下,环境社会规范、个人环境道德没有普遍地确立,环境违法犯罪的经济驱动因素比较强的情况下,强制性的正式环境法律实施是强化环境守法意愿的主要手段。但是,也应当认识到,环境社会规范作为非正式强制性手段,个人环境道德和环境法正当性认知作为内在性手段,对确保持久、稳定的环境守法意愿具有重要的作用。这些非正式的、内在的手段也有利于在适度投入环境法实施资源的情况下或环境法实施成本最小化的情况下,保证良好的环境守法状况。因此,在强化环境法实施的同时,激活环境社会规范、个人环境道德,注意环境法实施的正当性,对于提高环境法实施的效率(成本最小化)是必要的。

第三章　环境违法犯罪的成本

成本与收益分析是环境法实施效率分析的基本工具,主要是用来比较环境违法犯罪预防的效用或总收益与总成本,目的是选择成本最小化的环境法实施政策或策略。从本质上来讲,成本与收益分析是采用了货币化的基准,对环境法实施活动的投入成本与结果的产出进行比较,从而为环境法实施政策或策略的选择建立一种数量化的客观基础。

环境法实施的收益是一个相对的概念,它表现为环境违法犯罪数量的减少或成本的降低,实质上就是一个环境违法犯罪的成本问题。因此,环境法实施的成本与收益分析,仅涉及成本的分析就可以了。环境法实施包含了环境行政法实施和环境刑法实施。环境行政法实施的成本分析较为简单,环境刑法实施的成本分析较为复杂。在此,首先进行环境刑法实施成本的分析。要发挥成本与收益分析工具在环境刑事政策或策略选择中的优势,最为基本的一点是能够对环境刑事政策或策略选择中所涉及的环境犯罪的成本进行货币化计量。为了准确地对环境犯罪的成本进行货币化计量,我们首先关注一般犯罪的成本问题,然后再探讨环境犯罪的成本问题。

第一节　环境犯罪的成本

一、一般犯罪成本的概念与外延

由于研究视角或研究侧重点的不同,犯罪成本概念与外延的界定较为混乱,这显然不利于犯罪成本的准确分析,也不利于为刑事政策、策略的选择提供有价值的定量基础。在此,有必要对犯罪的概念与外延进行梳理和进一步明确界定。

(一)国内文献对犯罪成本概念和外延的界定

1.处罚后果论

处罚后果论认为,犯罪成本是犯罪分子因犯罪行为所有承担的不利后果。有的人认为,犯罪成本是指犯罪分子因触犯刑法所受到的处罚后果,其由三部分组成:法律处罚、社会处罚和良心处罚。法律处罚主要是指刑罚。社会处罚是指除刑罚处罚之外的其他来自社会的处罚,包括党纪处分、行政处罚、刑满释放后的机会的丧失等。良心处罚是指犯罪或受到刑罚处罚后罪犯所产生的焦虑、不安、悔恨等情绪体验。① 犯罪成本是罪犯犯罪以后将要失去的利益或付出的代价,如罪犯要承担的刑事责任、民事赔偿责任以及失去的工作机会等。② 处罚后果论仅把犯罪成本界定为犯罪分子本人要承担的不利后果,忽略了被害人、社会因犯罪所承担的成本。很明显,犯罪成本的范围界定过于狭窄。

2.行为成本与处罚后果论

有的人认为,犯罪成本是指行为人实施犯罪活动所付出的代价。犯罪成

---

① 郑杭生、郭星华:《当代中国犯罪现象的一种社会学探讨——“犯罪成本”与“犯罪获利”》,《社会科学战线》1996 年第 4 期。

② 王继华:《法律中的经济成本探论》,《社会科学辑刊》2001 年第 3 期。

本主要由两大类构成，一是行为人为保证完成犯罪活动所付出的投资性成本，如时间成本、购买犯罪工具成本、纠合成本、销赃成本等；二是行为人因犯罪而受到处罚的惩罚性成本，包括生命健康成本、人身自由成本、个人名誉成本、人际关系成本、事业成本、心理成本（焦虑、恐惧、良心谴责、痛苦）等。① 有的人认为，犯罪成本就是犯罪人在进行犯罪决策、实施犯罪过程中以及承担犯罪后果所支付的成本和代价。② 行为成本与处罚后果论所界定的犯罪成本范围比处罚后果论有所扩展，但基本上还是以犯罪分子本人为视角来考虑犯罪成本，其界定的犯罪成本范围不全面。

3. 综合成本论

综合成本论认为，犯罪的成本是指所有跟犯罪有关的损失或代价。有的人认为，犯罪的成本是指犯罪的自身成本及其所引起或导致的有关费用支出或代价的总和，包括犯罪的个体成本和外在成本。犯罪的个体成本是犯罪人为完成犯罪活动而投入的支出、费用，包括犯罪的实施成本、机会成本、惩罚成本和精神成本。犯罪的外在成本是由国家、社会承担的跟犯罪、刑罚有关的成本。国家承担的成本包括立法成本、司法成本和执法成本，社会承担的成本包括社会损失和犯罪预防成本。③ 犯罪成本是犯罪行为给社会带来的消极影响，包括直接经济损失和间接经济损失。直接经济损失是指可以用货币进行测算的损失，包括：个人因犯罪行为所受到的损失（个人财物毁损、劳动能力的丧失、收入的减少以及医疗费用的支出等）、社会因犯罪行为所承担的财富损失、刑事司法系统为控制犯罪所支出的费用、社会为被害人提供的援助、个人或社会组织支出的安保费用。间接经济损失是指犯罪引起的“扩散”效用，只能根据情况予以大致估算。④ 犯罪的成本应当从国家、社会和犯罪人三个

---

① 吴闻：《浅析犯罪成本心理》，《广西社会科学》2002 年第 5 期。

② 周路：《当代实证犯罪学新编——犯罪规律研究》，人民法院出版社 2004 年版，第 175 页。

③ 程荣：《论犯罪成本的经济学分析》，《内蒙古农业大学学报（社会科学版）》2011 年第 3 期。

④ 黎国智、马宝善：《犯罪行为控制论》，中国检察出版社 2002 年版，第 138—139 页。

不同的角度来考察其内涵。从国家角度讲,犯罪成本是指国家禁止犯罪所付出的代价。从社会角度讲,犯罪成本是指犯罪行为给社会造成的直接损失。从犯罪分子角度讲,犯罪成本是指犯罪人因实施犯罪所付出的代价。[①] 综合成本论所界定的犯罪成本范围较为全面,但还是存在缺陷,有些损失是否计入犯罪成本值得商榷,如立法成本。犯罪成本应当是犯罪行为实施后由其所引起的损失和代价,至于事前所产生的立法成本不宜计入犯罪成本。有些损失没有计入犯罪成本,如被害人的损失等。

(二)国外文献对犯罪成本外延的界定

国外文献一般不提出犯罪成本的概念,直接确定犯罪成本的范围。有的人认为,犯罪的成本包括犯罪对受害人造成的直接成本和间接成本、威慑犯罪的成本和执法成本。对受害人的间接成本是指受害人对犯罪的恐惧,其使被害人产生更多的不安全感和焦虑并因此影响着公众对家庭资产评估的减损。[②] 有的人认为,犯罪的成本包括刑事司法成本和被害人承担的成本。刑事司法成本包括:由警察承担的成本、起诉成本、法院审判成本、监禁成本、犯罪恢复性项目和纠正性项目成本等。被害人承担的成本包括货币性成本和生活质量成本。货币性成本包括医疗和精神照顾成本、财产损失、未来收入的减少。生活质量成本是对受害人精神痛苦和折磨的货币化衡量以及人们降低被害风险的支出费用。[③] 前述两种观点都没有包含犯罪人本人的成本,界定不够全面。有的人认为,犯罪的社会成本可以被分为四个方面的内容:(1)受害人成本,主要是指受害人承担的直接经济损失,包括医疗费用、收入的减少、财产损失。(2)刑事司法成本,主要是指当地、州、联邦政府基金在警察保护、刑

---

① 赵秉志:《刑法基础理论探索》,法律出版社 2002 年版,第 216—218 页。

② Gibbons S.,“the Costs of Urban Property Crime”,*The Economic Journal* ,Vol.114,(2004),pp.441-463.

③ Steve A.,Polly P.,Robert B.,and Roxanne L.,“The Comparative Costs and Benefits of Programs to Reduce Crime”,*Olympia*:*Washington State Institute for Public Policy*,(1999),pp.54-58.

事审判、法律服务、罪犯监禁和纠正项目方面的花费支出。(3)犯罪职业成本,主要是指与犯罪选择有关的从事非法行为的机会成本,并不是指合法的生产力的丧失。(4)无形成本,主要是指被害人承受的间接成本,包括精神上的痛苦和折磨,生活质量降低和心理上的忧伤。①

(三)一般犯罪成本的概念与外延

国内外相关研究文献对犯罪概念与外延的界定存在较多的分歧,首先,犯罪成本的界定存在狭义和广义的分歧。狭义的犯罪成本仅指犯罪分子因犯罪行为所受到处罚或犯罪分子为保证犯罪行为的完成而支出的投资性成本,如处罚后果论。广义的犯罪成本包括一切与犯罪有关的成本,可能包括犯罪分子因犯罪行为所受到的处罚、为完成犯罪行为而支出的投资性成本、犯罪行为的危害成本、控制犯罪所支出的成本,如综合成本论。其次,犯罪成本的界定在是否应当把一些无形的成本视为犯罪成本方面存在分歧,这些无形的成本包括了受害人及潜在受害人对犯罪的痛苦、恐惧、生活质量的下降等。再次,罪犯服刑时所承受的负效用是否应当列入犯罪成本存在分歧,这些负效用包括罪犯工资、社会生产力的损失,罪犯自由、名誉的丧失,以及精神上的痛苦、焦虑等。

我们认为,首先,犯罪成本概念和外延的界定要考虑犯罪成本的本质。犯罪成本应当是犯罪行为引起的与犯罪行为有关的个人损失或社会损失。犯罪成本的本质是个人损失或社会损失,可以是个人、社会财富损失或个人、社会福利减损。成本承担主体不同,犯罪成本的概念和外延有少许差异。例如罚金,从犯罪人个人视角看,它是一种个人损失,是犯罪成本;从社会视角看,罚金没有造成社会损失,其仅是一种资金的转移,它不是犯罪成本。再例如,受

① Kathryn E.McCollistera, Michael T.Frenchb, Hai Fang, "The Cost of Crime to Society: New Crime-specific Estimates for Policyand Program Evaluation", *Drug and Alcohol Dependence*, Vol.108, No.1-2.(Apr.,2010), pp.98-109.

害人或潜在受害人对犯罪的恐惧、害怕，因为会引起预防性资源投入，对社会是一种损失，构成犯罪成本的一部分；而犯罪人所受到的害怕与恐惧这些负效应，对社会没有任何价值和意义，因此，它们不是一种社会损失，不是犯罪成本的一部分。其次，犯罪成本概念与外延的界定应考虑研究目的不同。在研究犯罪行为决策时，犯罪成本的确定应当以犯罪行为人为视角，考察行为人犯罪决策时所考虑的影响成本的因素。犯罪的成本应当包括为完成犯罪行为而支出的投资性成本、犯罪的机会成本、预期的处罚后果成本。在进行刑事政策或刑罚的成本分析时，犯罪成本的确定应当以社会为视角，考虑犯罪行为对社会福利所生产的直接或间接的影响。犯罪的成本应当包括犯罪的危害成本、控制犯罪的成本（对犯罪的反应成本）、部分罪犯的服刑负效用等。在此，要排除犯罪决策时考虑的那些犯罪成本，如犯罪的机会成本、预期的处罚后果成本，它们并不影响社会福利。再次，犯罪成本概念与外延的界定要考虑成本承担的主体，成本承担主体的不同决定犯罪成本的性质和考察价值，同样是一种痛苦成本，若承受的主体是受害人，在进行刑事政策或刑罚的成本分析时，应将这种痛苦成本计入犯罪成本；若承受的主体是犯罪人，在进行刑事政策或刑罚的成本分析时，则应当将痛苦成本排除在犯罪成本之外。另外，犯罪成本概念与外延的界定要考虑成本的货币化计量可能性。一些犯罪造成的影响在概念上可以视为一种成本，但不可能对其进行货币化计量，这样的成本就没有多少考察价值，特别是在犯罪成本经济分析的时候。

我们认为，犯罪成本是犯罪行为引起的与犯罪行为本身和犯罪控制有关的个人损失或社会损失。从本书研究目的出发，犯罪成本的外延可分为两大类：一类是犯罪决策研究时应考察的犯罪成本，主要包括犯罪投资性成本、犯罪的机会成本、预期刑罚成本。另一类是刑罚决策研究时应考察的成本，主要包括犯罪危害成本、控制犯罪的成本。刑罚的实施主要涉及刑罚决策问题，在此，主要关注犯罪危害成本、控制犯罪的成本。主要犯罪危害成本、犯罪控制成本，如表 3-1、表 3-2 所示：

表 3-1　犯罪危害成本

成本种类	承担主体
直接财产损失	
不由保险公司赔付的财产损失	受害人
由保险公司赔付的财产损失	社会
医疗和精神健康照顾损失	
不由保险公司赔付的费用	受害人
由保险公司赔付的费用	社会
保险公司管理费用	社会
受害人其他相关损失	
受害人支付的费用	受害人
机构支付的费用	社会
临时工和替代训练	社会
误工损失	
未被支付工作损失的工资损失	社会
已支付工作损失的生产力的丧失	受害人
家务损失	受害人
痛苦和折磨、生活质量下降	受害人
情感、快乐损失	受害人家庭
死亡	
生命价值	受害人
丧葬费	受害人家庭
情感、快乐损失	受害人家庭
精神伤害与治疗	受害人家庭
与民事赔偿诉讼有关的法律费用	受害人或受害人家庭
预防费用	潜在受害人
对犯罪的恐惧	潜在受害人

表 3-2 犯罪控制成本

成本种类	承担主体
刑事执法、司法成本	
侦查成本	司法行政机关
起诉成本	司法行政机关
法院审判成本	司法行政机关
法律服务费用	
公共辩护费用	司法行政机关
私人辩护费用	辩护人
监禁成本	司法行政机关
非监禁制裁成本	司法行政机关
受害人投入的时间	受害人
证人投入的时间	证人
其他非刑事项目	
热线和公共预告服务	社会/志愿者
公共治疗项目	社会
公共预防项目	志愿者
监禁	
税收和生产力损失	社会
过度威慑	
被刑事起诉的无辜个人	无辜个人
合法行为的限制	无辜个人/社会
公平	
错误成本	社会
避免不公平惩罚所造成的检查成本	社会

二、犯罪成本的分类

（一）有形成本与无形成本

犯罪成本可以分为有形的成本和无形的成本。有形的成本是指那些以实物或货币形式存在的具有客观性的成本，其主要包括：财物损失、医疗费用、误工损失、公安和司法部门的费用支出、犯罪人的监管费用等。有形成本的特点是比较容易计量。一般的财物都具有市场的价格，人们可以通过观察财物的市场价格来确定财物的价值。医疗费用可以通过医疗账单加以确定。误工损失可以通过被害人所在地的平均工资水平进行计算。公安和司法部门的费用支出、犯罪人的监管费用，可以通过查询相关部门的会计账目来加以确定。无形的成本是指犯罪所引起的被害人或潜在被害人精神上的或心理上的损害，其包括痛苦、精神折磨、生活质量的恶化等。在历史上，无形的成本因为难以计量，犯罪成本与收益的衡量曾将无形的成本排除在外。实质上，无形的犯罪成本也是一种客观存在的成本，对有些犯罪来讲，无形的犯罪成本还是相当高的。虽然犯罪的无形成本难以计量，但人们已经发展了很多的方法来计算这些成本。美国学者科恩曾提出，以陪审所做出的精神损害赔偿为基础来计算无形的成本。① 用这种方法来计量无形的成本具有很大的争议，因为陪审团有关精神损害的裁定往往是不可预测的和没有任何的根据。最近十几年，人们借用经济学上对隐性市场物品估价的方法，例如支付意愿法，来确定犯罪无形成本的货币价值。② 在我国，那些具体的、现实的精神损害（受害人因具体的犯罪行为所遭受的痛苦等）是作为犯罪的危害结果来认定的，构成了刑事责任的事实基础，这些精神损害自然可以作为犯罪的无形成本。对于那些抽象的损害，例如，社会公众因对犯罪活动的恐惧而引起的生活质量的下降，一般不作为犯罪的危害结果来认定，也没有作为某个犯罪人刑事责任的基础。虽然在量刑上，我国司法实践否认抽象的损害，但在犯罪成本的计量上不能排除这些损害。犯罪的成本是犯罪行为给社会和他人所带来的损失，只要

---

① Cohen M.A., "Pain, Suffering and Jury Awards: A Study of the Cost of Crime to Victims", *Law and Society Review*, Vol.22, No.3. (1988), pp.537-555.

② Cohen M.A., Rust R.T., Steen S. & Tidd S.T., "Willingness-to-pay for Crime Control Programs", *Criminology*, Vol.42, No.1. (2004), pp.89-109.

这些损失是客观存在的，就应当作为一种犯罪成本。如果盗窃的犯罪率上升，普通社会公众会花费更多的金钱用于防盗。这说明，盗窃犯罪不仅造成了物主的损失，也造成了其他社会公众的损失，因此，犯罪抽象损害也是一种犯罪成本。

（二）犯罪的外部成本与社会成本

在经济学上，外部性概念是指经济行为主体在自己的经济活动中所产生的不由本人承担，而由他人承担的一种有利或不利的影响。有利的影响一般指收益，称为正外部性，不利的影响一般指损失或成本，称为负外部性。外部性影响是一种隐性市场化影响，是由行为主体单方面施加于他人的，而不管他人是否愿意接受这些有利或不利的影响。犯罪的外部成本是一种典型的负外部性。例如，抢劫犯罪行为对被害人可能产生财产的损失、医疗费用、误工损失、精神的痛苦和恐惧，这些都是被害人不愿意接受而实际上承受的不利影响。社会成本是指一种行为所引起的所有的成本，而不管这些成本由哪一个行为主体来承担。一般来讲，一种行为所引起了总的社会福利的减损，都是这种行为的社会成本。在经济学上，外部成本是社会成本的一部分，但对犯罪成本而言并不总是如此。例如，被盗财物是否属于社会成本，就是一个较有争议的问题。很多研究者将被盗财物排除于犯罪的社会成本之外，仅把它看作一种犯罪的外部成本。有的人认为，被盗财物仅是一种财产的转移，犯罪分子也会使用这些财产，这并不造成财产价值的减损，应当从社会成本中排除。① 特朗布尔认为，罪犯没有资格将他们的效用计入社会福利函数中，他们的收益或损失都应该被忽视。② 从交易性质上来讲，盗窃是一种强制性财产转移。从

---

① Cook P.J.，"Costs of Crime"，In Encyclopedia of Crime and Justice，Sanford（eds.），New York：Free Press，1983，p.371.

② Trumbull W.N.，"Who has Standing in Cost-benefit Analysis?"，*Journal of Policy Analysis and Management*，Vol.9，No.2.（1990），pp.201-218.

市场效率的角度上看,只有自愿的交易才能实现财富的最大化,而强制性的财产转移有可能降低财产的价值,从而降低社会的福利。比如,有一块玉石,物主认为它值1000元,而盗窃者认为它仅值500元并把它盗窃了,这实质上造成了500元的社会财富的损失。从交易的角度讲,盗窃是具有社会成本的。由于盗窃者对财产的主观评价是难以评估的,盗窃所引起的社会财富的损失也就无法计量。不管视为一种财产转移的被盗财物是不是一种社会成本,盗窃作为一种强制性财产转移对物主来讲会产生财产的损失,还会引起一些与盗窃有关的其他社会成本。盗窃行为的存在可能迫使潜在的受害人去购买防盗设备,寻找安全的地方保存财物或采取其他预防财产被盗的措施。这些资源本可以投入其他生产或服务领域产生社会财富,而却被用于毫无产出的盗窃预防,因而,这些资源投入就应当被视为外部成本。私人的犯罪预防成本取决于可能被盗财产的价值和财产被盗窃发生的概率的乘积,因此,实际发生的盗窃犯罪的外部成本可以用被盗财产的市场价值进行衡量。在进行犯罪成本计量时,应当依社会成本还是外部成本为准?对于这个问题,大多数法经济学家认为,犯罪成本应当是指犯罪的外部成本。科恩认为,在进行刑事政策选择时,与成本——收益分析相关的犯罪成本应当是指犯罪的外部成本,而不是犯罪的社会成本。①

(三)犯罪的直接成本与犯罪的间接成本

犯罪的直接成本是犯罪行为引起的由受害人或社会承担的所有犯罪的损害后果,包括:生命的价值、直接的财产损失;生理或精神上的医疗费用;误工损失;精神损害、生活质量的恶化;诉讼费用等。犯罪间接成本是指那些回应犯罪的成本或者说是指那些治理、预防犯罪活动所引起的支出或花费,其包括公共犯罪治理、预防成本和私人犯罪预防成本。公共犯罪治理、预防成本包

---

① Cohen M.A.,"Measuring the Costs and Benefits of Crime and Justice",*Criminal Justice*,Vol. 4,No.1.(2000),pp.263-315.

括:侦查或发现犯罪分子的成本、起诉成本、审判成本、监禁成本、非刑罚处遇成本、服刑罪犯的负效用、司法错误和过度威慑成本等。犯罪成本与收益的分析,首先要确定成本与收益由谁来承担。因为犯罪是违法的行为或不道德的行为,虽然犯罪人会从犯罪中获取收益,但从社会的层面上,这些收益应该被忽略。也可以说,在社会的层面上犯罪不可能直接为社会创造收益。但犯罪的治理、预防会减少犯罪的数量,从而减少被害人所承担的犯罪成本。成本与收益具有相对性,成本的减少就意味着收益的增加。因此,犯罪的治理、预防会产生收益,其是由所减少的犯罪数量来体现的。犯罪的危害对被害人来讲是犯罪成本,对社会或犯罪治理、预防部门来讲,犯罪减少所导致的犯罪成本的降低就是收益,犯罪的成本与收益具有一种可转换性。犯罪的治理、预防也会产生成本,其由相关政府和司法部门来承担。我们可以看到,犯罪的直接成本与间接成本的区分,对犯罪的成本与收益的分析具有重要的意义。人们治理、预防犯罪的目的是减少犯罪的直接成本从而获得收益,但治理、预防犯罪会增加犯罪的间接成本。犯罪的成本与收益分析的目的,就是要在犯罪的直接成本与间接成本之间寻求一种平衡。在犯罪的间接成本中,刑罚的错误成本是重要的犯罪间接成本。有时候,刑罚的错误成本是非常高昂的,这部分成本是犯罪成本—收益分析不可忽视的。

三、环境犯罪的成本

环境犯罪的成本是环境犯罪行为引起的,与环境犯罪行为本身和环境犯罪控制有关的个人损失和社会损失的总和。从环境刑法实施的角度来考察,环境的成本主要包括:环境犯罪危害成本、环境犯罪控制成本。与一般犯罪成本不同的是,环境犯罪危害成本涉及了生态环境损害问题。生态环境损害具有间接性、潜伏性和迁移性,行为与结果之间因果关系的认定较为复杂,生态环境损害的认定也较为困难。在法律意义上,生态环境损害能否作为一种损害存在着争议。有的学者认为,在侵权责任法中,环境侵权行为所造成的损害只包括财产损害和人身损害，不包括单纯的生态环境损害。① 但是，我国《环境保护法》和《刑法》中有关环境犯罪确认了单纯的生态环境损害。《环境保护法》第六条规定：企业事业单位和其他生产经营者应当防止、减少环境污染和生态破坏，对所造成的损害依法承担责任。《刑法》第三百三十八条规定：违反国家规定，排放、倾倒或者处置有放射性的废物、含传染病病原体的废物、有毒物质或者其他有害物质，严重污染环境的，构成污染环境罪。从上述规定来看，《环境保护法》和《刑法》都把单纯的生态环境作为法益。污染环境的危害，不仅仅包括财产损害和人身损害，更为主要的是包括生态环境的损害。从人与生态环境的关系，或从财产损害、人身损害与生态环境危害的关系来看，人与赖以生存的生态环境密不可分，与环境有关的财产损害、人身损害是经由生态环境危害产生的，它们是生态环境危害的一种表现，其根源也是生态环境损害。要保全它们，必须以防止、减少生态环境损害为前提。因此，法律意义上的与环境有关的危害，必然包含单纯的生态环境损害。作为环境犯罪危害成本，应当主要包括单纯的生态环境危害和由此产生的财产、人身方面的损害。

环境犯罪成本，既包括有形的成本，也包括无形的成本。有形的成本是环境污染行为造成的以实物或货币形式存在的客观的成本，包括：生态环境损害、财物损失、医疗费用、公安和司法部门的费用支出、犯罪人的监管费用等。在这里，生态环境损害是环境污染行为对大气、水体、土壤、自然景观等自然生态环境所引起的不良改变，是一种客观的存在，应当作为一种环境犯罪的有形成本。环境犯罪的无形成本是环境犯罪行为所造成的被害人、潜在被害人、公众精神上的或心理上的损害，其包括具体被害人、所承受的心理痛苦、精神折磨、生活质量的恶化等，也包括公众对生态环境的改变所承受的不良心理感受。

从经济外部性角度看，环境犯罪成本应当是指环境犯罪的外部成本。对犯罪人所强加的罚金、没收财产等刑罚，是内部成本。从社会角度看，罚金、被

① 江平、费安玲：《中国侵权责任法教程》，知识产权出版社2010年版，第347—348页。

没收的财产实质上是一种支付转移，并不构成一种社会损失，这部分成本无须计算在环境犯罪的成本之中。环境成本应当包括所有的环境犯罪的外部成本，既包括环境犯罪的直接成本，即环境犯罪危害成本，也包括环境犯罪的间接成本，即环境犯罪控制成本。

环境犯罪成本的具体内容，如表 3-3、表 3-4 所示。

表 3-3 环境犯罪危害成本

成本种类	承担主体
环境生态损害	社会
生态恢复费用	社会
环境事故应急处置费用	社会
环境损害评估费用	社会
直接财产损失	
不由保险公司赔付的财产损失	受害人
由保险公司赔付的财产损失	社会
医疗和精神健康照顾损失	
不由保险公司赔付的费用	受害人
由保险公司赔付的费用	社会
保险公司管理费用	社会
受害人其他相关损失	
受害人支付的费用	受害人
机构支付的费用	社会
临时工和替代训练	社会
误工损失	
未被支付工作损失的工资损失	社会
已支付工作损失的生产力的丧失	受害人
家务损失	受害人
痛苦和折磨、生活质量下降	受害人
情感、快乐损失	受害人家庭
死亡	
生命价值	受害人
丧葬费	受害人家庭
情感、快乐损失	受害人家庭
精神伤害与治疗	受害人家庭
与民事赔偿诉讼有关的法律费用	受害人或受害人家庭
预防费用	潜在受害人
对环境犯罪的恐惧、担忧	潜在受害人

表 3-4　环境犯罪控制成本

成本种类	承担主体
环境刑事执法、司法成本	
侦查成本	司法行政机关
起诉成本	司法行政机关
法院审判成本	司法行政机关
法律服务费用	
公共辩护费用	司法行政机关
私人辩护费用	辩护人
监禁成本	司法行政机关
非监禁制裁成本	司法行政机关
受害人投入的时间	受害人
证人投入的时间	证人
其他非刑事项目	
热线和公共预告服务	社会/志愿者
公共治疗项目	社会
公共预防项目	志愿者
监禁	
税收和生产力损失	社会
过度威慑	
被刑事起诉的无辜个人	无辜个人
合法行为的限制	无辜个人/社会
公平	
错误成本	社会
避免不公平惩罚所造成的检查	社会

第二节　环境行政违法成本

由环境行政违法行为的性质和环境行政执法程序所决定，环境行政违法成本有些内容与环境犯罪成本是相同的，但在程度上或数量上为轻。有些成本，如严重的人身伤害，包括死亡，一般不会出现在环境行政违法成本中，一旦出现这些严重的人身伤害后果，环境行政违法会上升为环境犯罪。有些成本，如跟刑事诉讼相关的间接成本，不包含在环境行政违法成本中。有些成本基本可以忽略不计，如行政执法错误成本。环境行政违法成本的具体内容，如表3-5、表3-6所示。

表3-5 环境行政违法危害成本

成本种类	承担主体
环境生态损害	社会
生态恢复费用	社会
环境事故应急处置费用	社会
环境损害评估费用	社会
直接财产损失	
不由保险公司赔付的财产损失	受害人
由保险公司赔付的财产损失	社会
医疗和精神健康照顾损失	
不由保险公司赔付的费用	受害人
由保险公司赔付的费用	社会
保险公司管理费用	社会
受害人其他相关损失	
受害人支付的费用	受害人
机构支付的费用	社会
临时工和替代训练	社会
误工损失	
未被支付工作损失的工资损失	社会
已支付工作损失的生产力的丧失	受害人
痛苦和折磨、生活质量下降	受害人
与民事赔偿诉讼有关的法律费用	受害人或受害人家庭
预防费用	潜在受害人

表 3-6　环境行政违法控制成本

成本种类	承担主体
环境行政执法成本	
监察成本	环境行政执法机关
起诉成本	环境行政执法机关
裁判成本	环境行政执法机关
法律服务费用	代理人
受害人投入的时间	受害人
证人投入的时间	证人

第三节　环境违法犯罪成本货币化计量方法

人们对环境违法犯罪成本进行分析的目的,是比较不同性质环境违法犯罪的成本或与不同性质环境违法犯罪行为相对应的不同环境法实施政策或策略的成本,其比较的前提是不同性质环境违法犯罪的成本或不同环境法实施政策或策略的成本具有货币共量化基础,也就是说,要赋予不同种类违法犯罪成本标的物以货币单位所表示的价值。环境违法犯罪成本标的物基本上可以分为两类,一类是显性市场物品,另一类是隐性市场物品。显性市场物品的货币化计量相对比较容易,人们可以通过观察市场的交易过程而获得物品的公允价格,从而对市场物品进行货币化赋值。属于显性市场物品的环境违法犯罪成本标的物,包括普通财产物品、人力资源等。普通财产物品包括汽车、房屋、设备等生活、生产资料,人们可以通过市场观察确认它们的价值。对于人力资源也可以通过市场观察不同职业的工资水平,来确定不同规模人力资源投入的价值。大部分的有形的环境违法犯罪成本,可以还原为财产物品和人力资源的耗费。例如,医疗费用主要是由药品和医生、护士等人力资源价值组成。侦查成本主要是由投入的警力、设备等组成。属于隐性市场物品的环境违法犯罪成本标的物主要是那些无形的犯罪成本标的物，包括单纯的生态环境损害、受害人的痛苦与折磨、人们对环境违法犯罪的恐惧、生活质量的下降、生命的价值等。无形的环境违法犯罪成本标的物不可能在市场上进行交易，人们无法直接观察到它们的市场价格，因此，对它们的赋值是相对比较困难的。但经济学者发展了多种方法，来计算这些不能参与市场交易的物品的价值。由于隐性市场物品的环境违法犯罪成本标的物货币化赋值比较困难，我们重点阐述隐性市场物品的环境违法犯罪成本标的物货币化赋值的方法。

一、环境违法犯罪成本的直接计量方法

一般来讲，环境违法犯罪成本货币化计量方法，可以分为直接计量方法和间接计量方法。对于大部分的有形环境违法犯罪成本或者那些由市场物品标的物组成的环境违法犯罪成本，人们可以通过市场交易来确定环境违法犯罪成本标的物的价格，直接计算出环境违法犯罪成本的货币价值。这样的方法是直接计量的方法。对于财产损失、医疗费用、误工损失、侦查支出、监禁支出等环境违法犯罪成本，可以使用直接计量的方法。有些环境违法犯罪成本的计量没有必要将其分解成有市场价格的标的物，直接参考相关部门的预算或会计账簿就可以获得较准确的数据，例如，对医疗费计算可参考医院记账部门的记录，对于侦查成本可以参考警察局的预算或账簿记录。其实，这些预算或账簿最终反映的也是财物或人力资源的市场价值。对于环境法实施的经济分析，我们主要关注环境违法犯罪危害成本和环境违法犯罪控制成本。环境违法犯罪控制成本，基本上可以用直接计量方法来对成本进行估值；环境违法犯罪危害成本中有些成本可用直接计量方法，有些得用间接计量方法。

（一）环境违法犯罪控制成本计量

主要的环境违法犯罪控制成本是司法、执法成本，其是国家司法、行政机关，为了预防环境违法犯罪、调查环境违法犯罪、起诉环境违法犯罪、审判环境

违法犯罪、实施刑罚而承担的成本，其主要的特征是有国家财政拨款予以支持的。其他的一些成本，例如，社区矫正项目，只要是国家财政拨款予以支持的，就应当归于此类。司法、执法成本应该包含所有房屋、物资设备和人员支出。司法、执法成本计算方法主要有由上而下计算法和由下而上计算法，也可以结合其他的方法来进行计算。

1. 由上而下的方法

如果能够获得某一个国家司法、执法机关的总预算或总费用信息的话，由上而下的方法是最为合适的。因为，控制环境违法犯罪的成本主要是跟环境违法犯罪有关的费用。在这里，要从总费用里剔除那些与环境违法犯罪无关的业务。与环境违法犯罪有关业务的花费计算公式如下：

与环境违法犯罪有关业务的花费＝机关总费用×与环境违法犯罪有关业务的份额

与环境违法犯罪有关业务的份额可以通过利用登记的时间和人员数据进行计算，其计算公式如下：

与环境违法犯罪有关业务的份额＝用于与环境违法犯罪有关业务的时间÷总业务时间

或＝与环境违法犯罪有关业务的人员数÷机关总人数

一旦非环境违法犯罪业务费用被过滤了以后，我们就需要进一步区分用于不同种类环境违法犯罪的费用，例如，公安机关用于侦破环境污染罪的费用。在此，利用业务时间进行计算并不是可取的方式，因为，在一个机关内难以区分用于不同环境违法犯罪种类的时间。一般来讲，可以假定同一类别的每个环境违法犯罪的成本大体是相等的，这样，我们可以用环境违法犯罪案子的数量估算一类环境违法犯罪的成本。首先，我们计算与某类环境违法犯罪有关的成本占整个机关成本的份额，其计算公式如下：

某类环境违法犯罪的成本份额＝某类环境违法犯罪的加权数量÷所有环境违法犯罪种类加权数量之和

在上述公式中,不同种类的环境违法犯罪具有不同的权重,因为案子耗费的成本是不同的。例如,公安机关侦破环境污染罪难度大,耗费的成本也相对较高,其权重值就会比较高,而非法采矿罪,其权重值相对低一些。在不同的司法行政机关里,同一环境违法犯罪种类的权重值可能是不一样的。知道了某类环境违法犯罪的成本份额,我们就可以计算某类环境违法犯罪的总成本,其计算公式如下:

某类环境违法犯罪的总成本=与环境违法犯罪有关业务的花费×某类环境违法犯罪的成本份额

2. 由下而上的方法

另一个估算司法行政机关成本的方法,是利用每一个环境违法犯罪的成本信息来进行计算。如果每一环境违法犯罪种类的单个环境违法犯罪在执法或司法成本上大体相等,单个环境违法犯罪的成本乘以特定环境违法犯罪种类的环境违法犯罪数量,就可以计算出特定环境违法犯罪种类的总成本,其计算公式为:

某一种类的环境违法犯罪总成本=单个环境违法犯罪的成本×某一环境违法犯罪种类的环境违法犯罪数量

将所有环境违法犯罪种类的总成本相加,就可以计算某一机关与环境违法犯罪相关业务的总成本。

(二)环境违法犯罪危害成本计量

在环境法实施政策或策略选择时,往往要考虑某一类环境违法犯罪在某一地区或全国范围内的环境违法犯罪危害总成本。这需要环境违法犯罪数量的统计。虽然我国没有一个统一的部门来主导环境违法犯罪数据调查,但我国的司法行政部门每年也分别发表一些环境违法犯罪数据,可以用来估算环境违法犯罪成本。例如,环保部门发布环境行政违法执法数量,公安部门发布环境犯罪案件发生数,检察院发布起诉环境犯罪案件数,法院发布审结案件数。由于一些案子没有被发现,实际发生的案件数要高于司法行政部门所发布的数字。在这里,要考虑环境违法犯罪黑数问题。通过抽样统计,我们可以获得案均环境违法犯罪施害成本。由此,人们就可以大体估算某一类环境违法犯罪的施害成本,其基本公式是:

某一类环境违法犯罪危害成本(有形)= 公布的案件发生数÷(1-环境违法犯罪黑数)×案均环境违法犯罪成本

二、环境违法犯罪成本的间接计量方法

对于像生态环境损害、心理痛苦或精神损害等,由隐性市场物品构成的无形环境违法犯罪成本,通常使用间接的货币化计量方法。这些计量方法可以分为两类:揭示偏好法和陈述偏好法。揭示偏好法是指通过观察人们的行动,例如,观察人们花费时间或金钱的行动,揭示人们对隐性市场物品的偏好,从而确定隐性市场物品的价值。当选择 A 物品与选择 B 物品成本一样时,行为人选择了 A,就可以说行为人的揭示偏好是选择 A 大于选择 B。有两处属性相同的房子,但它们的区域位置不同,假如区域位置的属性除环境污染水平以外也是相同的。A 处房子所处区域环境污染水平低,但房屋价格高;B 处房子所处区域环境污染水平高,但房屋价格低。行为人为了避免成为环境污染受害者,选择了 A 处的房屋。由此我们可以确定,在行为人眼中,对生态环境损害的估价是两处房屋的差价。这些能够从人们的行动中揭示行为人内在偏好的方法,就是揭示偏好法。根据选择行为的不同,主要的揭示偏好法有房屋价值定价法、工资定价法。陈述偏好法是基于人们的陈述而非实际行动来揭示人们的偏好,也就是说,其不像上述揭示偏好法一样,通过观察人们的行为来揭示受访者的偏好,而是通过向受访者询问问题来揭示他们的偏好。例如,可以询问人们愿意为减少某一环境违法犯罪支出多少等,这样的方法叫支付意愿法。陈述偏好法主要适用于一些不可能通过观察人们的行为而揭示偏好的情况。

（一）房屋价值定价法

美国学者泰勒首先使用了房屋价值定价法来确定犯罪控制的价值，他认为，在某种程度上，犯罪被害风险会被资产化而成为房屋价格的一部分，人们会预期，周围地区较高的犯罪率能够拉低该地区的房屋价格，在其他因素一定的情况下，犯罪率将是影响房屋价格的因素之一。① 这样，通过了解人们寻求更加安全的邻近地区对更高资产价值的支付意愿，可以间接推断控制犯罪的价值，或者推断对犯罪的恐惧所产生的货币化成本。房屋价值定价法的基本原理是，房屋的价值取决于其所具有的一系列的属性，包括了房屋本身的属性（占地大小、面积、布局、新旧等）和所处环境属性（购物的便利性、学校的好坏、治安状况（环境违法犯罪率高低）、周围的环境等。房屋的价值与它所具有的每一个属性之间都是因变量与自变量的关系，房屋所具有的每一个属性的水平都会对房屋的价格产生影响，但每一个属性对房屋价格所产生的具体影响无法直接观察到。但是，使用一定的统计方法，通过推导，可以获得这些具体的影响数据。例如，设房屋的价格为 V，房屋的某一个属性为 T，环境污染水平为 R，房屋的价格可表示为：$V=a\times T+b\times R$。通过回归分析确定 a、b 参数的数值，我们就可确定环境污染水平对房屋价格所产生的影响，从而计算出环境污染水平的升高或降低所带来的无形环境违法犯罪成本或收益的货币化价值。其计算公式为：

特定地区某一类环境违法犯罪所造成恐惧或风险的社会成本＝环境违法犯罪对单个家庭的房屋价格影响×本地区的家庭数量

（二）工资定价法

工资的多少受很多因素的影响，其中就包括环境违法犯罪率。较高的环

① Thaler, Richard, "A Note on the Value of Crime Control: Evidence from the Property Market", *Journal of Urban Economics*, Vol.5, No.1.(1978), pp.137–145.

境违法犯罪率增加了健康受到损害的概率，降低了人们生活的舒适度，因此，提高了人们财富或工资损失的风险。所以说，在环境违法犯罪率较高的地方，人们要求较高的工资用于补偿生活中所面临的风险，这反映了人们在选择工作时对健康安全和收入的权衡。通过考察为选择健康安全工作而放弃的收入或选择高风险工作而额外获得的收入，可以计算环境违法犯罪对财富的货币化影响。

假设有两个企业的工作可供选择，一个企业的地址在环境良好、环境违法犯罪率低的地区，另一个企业在环境污染、环境违法犯罪高发地区。这两个工作所需要的技能以及其他方面的要求都是相同的，但人们会预期在环境违法犯罪高发地区工作将面临健康损害的风险。如果两个企业所提供的工资是一样的，人们会选择到环境良好的地区工作，因为那里的风险较低。如果想让人们到环境违法犯罪高发地区工作，企业就必须提供更高的工资，以激励人们选择在更多风险的境况中进行工作。通过对比两个工作的工资差异，人们可以计算出环境违法犯罪风险的负价值。假设选择在环境违法犯罪高发地区工作，每年被环境污染致死的风险概率是万分之一；选择在环境良好的地区工作，每年致死的风险概率是十万分之一。也就是说，选择在环境违法犯罪高发地区工作比选择在环境良好的地区工作致死的风险高。假设企业只要每年额外支出 1000 元，就可以让某些人选择在环境违法犯罪高发地区工作，也就是说，一些人为了额外获取 1000 元而额外接受风险。用工资定价法对环境违法犯罪成本进行计量，只适用于生命价值的计算，不能适用于对人身伤害价值的计算。这里的生命价值应该理解为生命统计价值，并不是具体的某一个人的生命价值。一个人的生命价值不能用金钱加以衡量。事实上，生命统计价值可以被理解为对风险降低的支付意愿，反映的是人们对环境安全与收入权衡的价值判断标准。

（三）条件价值评估法

当无法通过观察与市场相关的行为来确定物品的价值时，人们使用了询问或调查的方式，询问受访者为预防犯罪所愿意付出的代价。因为调查询问是基于一些假设的情境或特定的条件，人们称这样的方法为条件价值评估法。经济领域的条件价值评估法出现于20世纪60年代，最近十几年，人们开始将其用于估算无形犯罪成本。我们也可以用它来估算无形环境违法犯罪的成本。条件价值评估法的基本方法是，通过问卷或访问，调查特定范围内的公民为减少某一数量的环境违法犯罪的支付意愿信息，从调查结果中计算出平均的支付意愿，再乘以受到环境违法犯罪影响的总人数，得到减少某一环境违法犯罪数量所有公民的总支付意愿。如果样本人群的人口统计学特征与受访者群体的特征相似，这一方法就较为有效。如果样本不具有代表性，可能需要一些统计学方法，确定估计支付意愿与统计学之间的关系，依此对样本的统计数据进行调整。

条件价值评估法具有很广泛的适应性，不仅可以用来确定显性市场物品的价值，也可以用来确定隐性市场物品的价值。但该方法自诞生以来不断受到质疑，其中对假设偏差问题的质疑是最为持久的。假设偏差是指人们面对各种假设情景时，其支付意愿可能与实际支付行为不一致。条件价值评估法是建立在假设情景基础之上的，假设偏差的存在可能使评估结果不真实。利斯特和加莱研究发现，人们的支付意愿要高于接受意愿，其偏离的程度大约是1.3，除此之外，人们并没有发现系统性的偏差。① 在这里，没有充分的理由要抛弃陈述偏好的方法，但假设偏差的存在意味着人们在用这方法进行研究时应该谨慎行事。使用这一方法应当注意的问题是：所假设的问题对于受访者来讲必须是其熟悉的，必须提供充分的信息，谨慎使用照片或其他可视性资

---

① List J.A., Gallet C.A., "What Experimental Protocol Influence Disparities Between Actual and Hypothetical Stated Values?", *Environmental & Resource Economics*, Vol.20(2001), pp.241-254.

料,必须清楚地表述可选择的结果,调查不能在可能影响受访者观念的事件发生之后进行,回答选项"不知道"也应当包含在调查中,同时收集受访者社会人口统计学数据等。

第四章　环境法实施效率的规范性分析

环境法实施效率的规范性分析，是指经济学视角下有效率的环境法应当以什么样的方式来实施。很显然，按效率的定义，在既定的目标下，环境法应当以成本最小化的方式来实施。在环境形势日趋严峻的情况下，作为遏制环境违法犯罪行为、保护生态环境的主要工具，环境法的实施面临着越来越艰巨的任务。在基本的国家政策上，也越来越强化环境法的实施。环境法的实施包括环境行政法的实施和环境刑法的实施。当下，不仅环境行政法的实施逐渐强化，环境刑法的实施也在逐渐强化。环境法的实施需要花费大量的人力、物力资源，特别是环境刑法的实施，其成本还相当高昂。不同的违法犯罪领域的法律实施是竞争性，即使在环境领域，环境行政法的实施与环境刑法的实施也是具有竞争性的，打击环境污染的犯罪与打击非法狩猎犯罪也是具有竞争性的。用于杀人罪的司法资源太多，就可能挤占了用于环境犯罪的司法资源；用于打击非法狩猎犯罪的资源太多，打击环境污染犯罪的资源就会不足。在资源有限的背景下，如何节省、配置资源，最大限度地实现环境法的功能，是环境法实施政策制定、具体的环境法执法与司法部门面临的现实而迫切的问题。经济学是一门涉及资源配置效率的科学，借助经济学的分析工具有助于我们解决环境法实施过程中的资源配置效率问题。环境法实施规范性分析关注的核心问题是：有效率的处罚水平或规模应当是什么样的？我们用社会成本最小化来描述环境法实施的效率，在经济学上来说，就是实现环境危害成本与环境违法犯罪控制成本之间的均衡。环境法实施的效率必须建立在处罚有效性的基础之上，即什么样的处罚能够有效地威慑环境违法犯罪。同时，环境法的效率也必须是处罚概率与处罚强度以成本最小化为目标的最优组合。在经济学基础上，本书力争提出简明的数学公式和模型，以此阐明实现环境法实施效率的前提条件，也为人们估算、评价环境法实施效率提供一般性的方法、工具。

第一节　有效的处罚威慑

环境法实施的目标是保护生态环境，这一目标的实现是通过限制、遏止人类的环境违法行为实现的。环境法实施效果的评价在于有多少潜在的环境违法犯罪行为被抑制，或者说有多少潜在的环境违法犯罪行为被有效威慑。无论是环境行政法的实施，还是环境刑法的实施，对现有的环境违法犯罪的处罚、制裁，都会对潜在的环境违法行为产生威慑力。环境法的实施不仅要追求威慑的有效性，还要追求法律实施成本最小化上的威慑有效性。不计成本的环境法实施，总是不足取的。

法律经济学主要的工作之一是，针对研究对象建立经济模型。在经济学上，为了便于对某一经济现象进行分析，通常需要将这一现象进行高度抽象，以便于更好地理解或解决本质的问题。经济模型就是用来描述同研究的对象有关的经济现象之间的相互依存关系的，并把这种关系用变量之间的函数关系表示出来。处罚的模型也是在这个意义上使用，它是指用函数关系来表示与处罚或威慑有关的要素之间的相互依存关系。不仅如此，行为模型还承载了经济分析的多种功能。首先，行为模型是一种分析的工具，使人们能够直观地、动态地把握各变量要素之间的复杂关系，从而使分析能够触及研究对象的本质。其次,行为模型反映价值判断或处罚效果评估的标准。依行为模型分析的结果,人们可以对环境法实施的效率状况作出评价,也可以此为标准构建有效率的处罚。再次,行为模型还是最优处罚测算的工具。

环境法律关系主体涉及两类人,一类是违法犯罪人或潜在违法犯罪人,另一类是执法、司法机关。因此,处罚的行为模型一般可分为两个基本模型,一个是个人行为决策模型,描述个人违法犯罪预期处罚、违法犯罪预期成本与处罚概率之间的依存关系;另一个是执法、司法行为模型,即有效的处罚威慑模型,描述处罚强度、违法犯罪危害与处罚概率之间的依存关系。因为行政处罚、刑罚的裁量必须建立在潜在违法犯罪决策的机制之上,个人行为模型是执法、司法行为模型的基础。

一、环境违法犯罪行为决策模型

根据理性选择理论,环境违法犯罪是理性的,它是行为选择的结果,在本质上与其他的经济行为没有什么不同。违法犯罪人之所以要选择实施环境犯罪,一个最为现实且直接的原因就是通过违法犯罪可以实现预期效用①的最大化。从效用的理性最大化角度来看,那些从事违法行为的人在本质上与其他人并没有什么不同。他们只是因一些不同的偏好、机会成本、限制,参与了一些"非法的"的活动,因为这些活动能使他们的净收益最大化。② 作为一个普通的理性经济人,潜在环境违法犯罪人总是追求其满足度的最大化或自我

① 在主流法经济学里,决定犯罪选择的原因是预期效用最大化的追求。尽管不同的学者可能使用不同的词汇,如效用、满足度、自我利益、净收益,但它们在本质上没有必要详加区分,可由效用予以涵盖。预期效用是现代主流经济学使用最为广泛的一个词汇,它是指在风险环境下,行为者依某种结果发生可能性的大小,对未来事件所发生结果的度量。在经济学里,效用的含义是比较模糊的,可以容纳较多的内容,既包括那些有形的物质利益,如金钱,也包括那些无形的精神体验,如情欲等。

② [美]麦考罗等:《经济学与法律——从波斯纳到后现代主义》,吴晓露等译,法律出版社2005年版,第74页。

利益实现的最大化，其环境违法犯罪行为的决策取决于对未来行为预期成本与收益的对比分析。

（一）环境违法犯罪收益函数

一般来讲，环境违法犯罪的收益会随着环境违法犯罪严重程度的增加而增加。例如，在环境污染罪中，犯罪人非法排放、倾倒、处置污染物越多，环境犯罪行为越严重，犯罪分子因此而节省的费用越多，环境犯罪的收益也就越多。在我们的简单模型中，使用边际函数形式，来表示环境违法犯罪收益与环境违法犯罪严重程度之间的关系。边际环境违法犯罪收益是指每单位环境违法犯罪严重程度的增加或减少所引起的每单位违法犯罪收益的增加或减少。设 g 为违法犯罪收益，j 为违法犯罪的严重程度，边际环境违法犯罪收益函数公式可表示为：

$$MG=\frac{\Delta g}{\Delta j}$$

边际环境违法犯罪收益函数可以用坐标图予以表述，如图 4-1 所示。

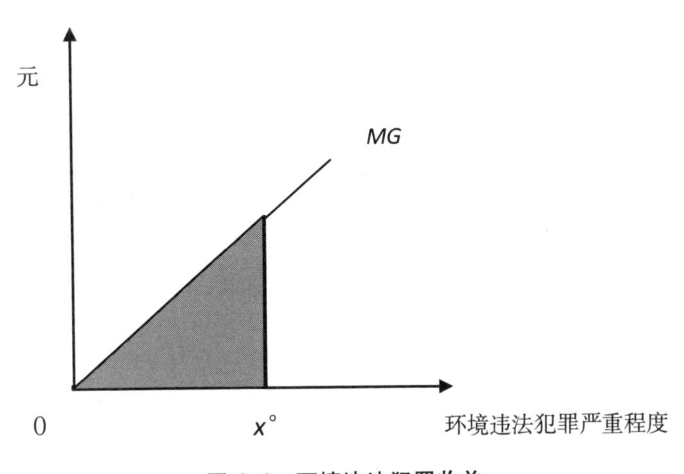

图 4-1　环境违法犯罪收益

在图 4-1 中,纵轴表示环境违法犯罪收益金额(以元为单位),横轴表示环境违法犯罪严重程度。*MG* 为边际环境违法犯罪收益曲线,其表示了随着环境违法犯罪严重程度的增加环境违法犯罪收益的边际变化趋势。边际环境违法犯罪收益曲线与横轴的夹角为 45°,说明随着环境违法犯罪严重程度的增加,环境违法犯罪收益同比例增加。边际环境违法犯罪收益曲线可能有其他的形态,这取决于不同的具体环境违法犯罪种类里边际环境违法犯罪收益相比于环境违法犯罪严重程度的不同变化趋势。*MG* 曲线下方灰色面积为行为人实施 $x°$ 环境违法犯罪行为时环境违法犯罪的收益,需要时,我们可以以此估算或比较总收益。图 4-1 中,土黄色部分表示的是 $x°$ 环境违法犯罪行为的总收益。

(二)环境违法犯罪成本函数

环境违法犯罪成本包括环境违法犯罪活动成本、机会成本和预期处罚成本,预期处罚成本是环境违法犯罪成本的主要部分。在此后的分析中,我们省略了环境违法犯罪活动成本、机会成本。这里,应当强调处罚成本的预期性。潜在的环境违法犯罪人在进行行为决策时,只关注预期成本,并不关注"沉淀成本"①。经济学上,预期成本是指以货币形式存在的成本乘以其实际实现的概率。一种交易中,以货币形式存在的成本是 100 元,而实现的概率是 50%,那么这种交易的预期成本就是 100 元乘以 50%,即 50 元。在环境违法犯罪决策中,潜在环境违法犯罪人往往将可能受到的处罚视为一

① 经济学上,沉淀成本(sunken cost)又称沉没成本或沉落成本,意为已发生或承诺、无法回收的成本支出。沉没成本常用来和可变成本做比较,可变成本可以被改变,而沉没成本则不能被改变。沉没成本作为会计成本是应当考虑的,而作为决策成本不应当被考虑。对现有决策而言,沉没成本是不可控成本,不会影响当前行为或未来决策。从这个意义上说,在投资决策时应排除沉没成本的干扰。诺贝尔经济学奖得主斯蒂格利茨教授在《经济学》一书中说:"如果一项开支已经付出并且不管做出何种选择都不能收回,一个理性的人就会忽略它。这类支出称为沉淀成本(sunk cost)"。

种成本，但其真正关注的是预期环境违法犯罪成本。预期环境违法犯罪成本是可能受到的处罚乘以其实际实现的概率。在环境法实施中，处罚实现的概率实际上是环境违法犯罪的处罚概率，其是实际受到处罚的环境违法犯罪数量与实际存在的环境违法犯罪数量的比值。[①] 如果假设：c = 行为人实施环境危害行为的预期成本；p = 处罚概率；f = 预期的罚款或罚金；t = 预期的自由刑幅度（也可以是犯人每单位刑期承受的负效用）。[②] 那么，预期处罚成本的函数公式为：

$$c = p(f + t) \tag{1}$$

公式（1）可以从另一个角度加以说明。如果行为人预期一次环境违法犯罪的处罚是（f+t），其被处罚的概率是 20%，一个理性的环境违法犯罪人很容易计算出，他每实施一次的环境违法犯罪成本绝不是实际判决的处罚，而是其 1/5。就像一个生产者将固定成本分摊到每一个产品中去一样。在处罚概率低于 100%情况下，潜在的环境违法犯罪人会把处罚成本分摊到多次环境违法犯罪行为中去。在这种情况下，如果不考虑处罚概率问题，将高估处罚施加给潜在环境违法犯罪人的预期成本，相关部门以此制定行政处罚、刑罚政策或判决将导致对潜在违法犯罪人的威慑不足。

一般来讲，预期处罚成本会随着环境违法犯罪严重程度的增加而增加。例如，在环境污染犯罪中，犯罪人非法排放、倾倒、处置污染物越多，环境犯罪行为越严重，环境犯罪分子所预期的处罚也就越严厉。我们可以使用边际函数形式，来表示预期处罚成本与环境违法犯罪严重程度之间的关系。边际预

① 不同的文献所使用的概念是不同的，有的用发现概率，有的用抓获概率，有的用审判概率，有的用制裁概率。它们之间的关系是，发现概率>抓获概率>审判概率>制裁概率。本书使用处罚概率这个概念，其与制裁概率等同。

② 一个犯罪不同刑罚的成本是可比较的，通过把它们转换成金钱的等价物或价值，其可被直接估算为罚金。例如，监禁的成本可以是预知收益的折算和消费、自由被限制而体现出来的价值。如果刑期越长，犯罪的成本将越大，因为预期收益和消费、自由的限制跟刑期的长度密切相关。See, Becker, G.S., “Crime and Punishment: An Economic Approach”, *Journal of Political Economy*, Vol.76, No.1.（Mar., 1968）, pp.179–180.

期处罚成本是指每单位环境违法犯罪严重程度的增加或减少所引起的预期处罚成本的增加或减少。设 c 为违法犯罪预期处罚成本，j 为违法犯罪的严重程度，边际预期处罚成本函数公式可表示为：

$$MC = \frac{\Delta c}{\Delta j}$$

边际预期处罚成本函数可以用坐标图予以表述，如图 4-2 所示。

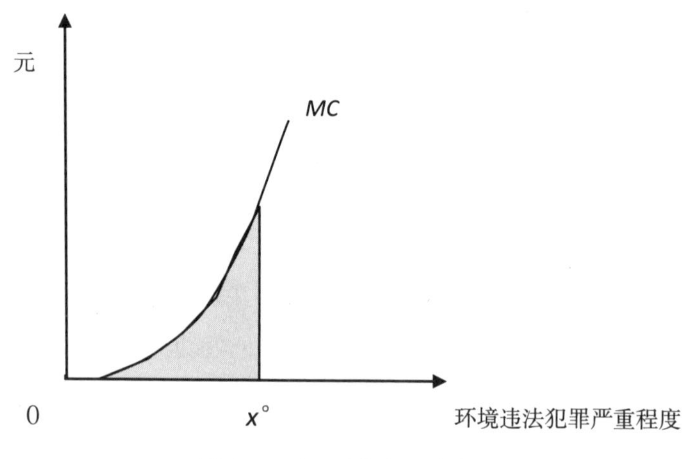

图 4-2　边际预期处罚成本

在图 4-2 中，纵轴表示成本金额（以元为单位），横轴表示环境违法犯罪严重程度。MC 为边际预期处罚成本曲线，其表示了随着环境违法犯罪严重程度的增加预期处罚成本的边际变化趋势。随着环境违法犯罪严重程度的增加，曲线变得越来越陡峭，说明预期处罚成本快速上升。这体现了严厉打击严重环境违法犯罪行为的基本环境法实施政策。MC 曲线下方土黄色面积，为行为人实施 x° 环境违法犯罪行为时环境违法犯罪的预期处罚成本。当需要时，我们可以以此估算或比较总成本。

（三）环境违法犯罪决策模型

一般来讲，当潜在环境违法犯罪人在考虑了预期收益以及被处罚的概率之后，预期实施该行为的效用，超过了其不实施该行为的效用，他将实施该行为。①潜在环境违法犯罪人环境违法犯罪决策时，主要比较的是边际成本与边际收益。当实施某一行为的边际收益超过了边际预期处罚成本的时候，他将实施该行为，反之，将放弃该行为。当边际收益等于边际预期处罚成本时，潜在环境违法犯罪人的边际环境违法犯罪利润最大，此时是最优环境违法犯罪行为。我们可以把边际预期处罚成本函数与边际环境违法犯罪收益函数叠加在一起，从而判断最优环境违法犯罪行为，如图 4-3 所示：

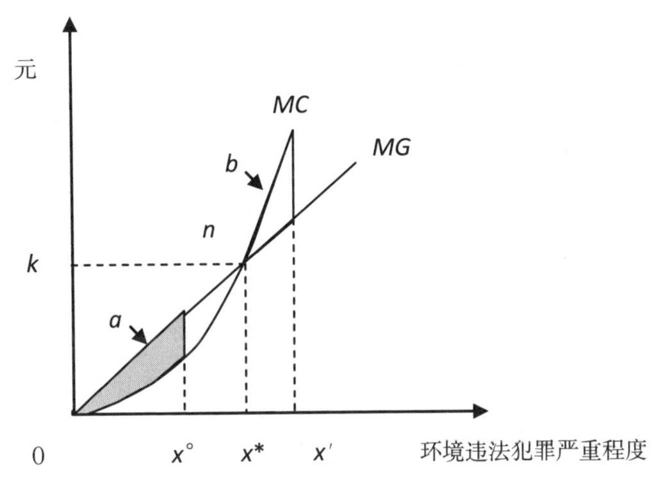

图 4-3　环境违法犯罪决策

---

① Polinsky and Shavell, "The Economic Theory of Public Enforcement of Law", *Journal of Economic Literature*, Vol.38, No.1. (Mar., 2000), p.50.其他一些主要法律经济学者也有类似的论述，贝克尔认为，因为仅仅被判决的犯罪分子才受到处罚，实际上这里存在价格歧视和不确定性，如果被判决，他对每一个犯罪支付"刑罚"，否则，就不支付。无论是制裁率或"刑罚"的增长都将减少从犯罪所得到的预期效用和倾向于减少犯罪数量，因为支付更高价格的可能性或价格本身将增加。See, Becker, G. S., "Crime and Punishment: An Economic Approach", *Journal of Political Economy*, Vol.76, No.1. (Mar., 1968), p.177.波斯纳认为，一旦犯罪的预期成本被确定，选择刑罚制裁率和严厉性将变得有必要，这将使潜在的犯罪者预期到犯罪的成本。如果制裁率是 100%，1000 元的罚金可以强加 1000 元的预期成本；如果制裁率是 10%，10000 元的罚金才可以强加 1000 元的预期成本；如果制裁率是 1%，100000 元的罚金才可以强加 1000 元的预期成本；以此类推。See, Posner, R.A., "An Wconomic Theory of the Criminal Law", *Columbia Law Review*, Vol.85, No. 6. (Oct., 1985), p.1206.

在图4-3中，边际预期处罚成本曲线 MC 与边际环境违法犯罪收益曲线 MG 交于点 n，表示环境违法犯罪的边际预期处罚成本与边际环境违法犯罪收益相等，此时，潜在环境违法犯罪人的预期环境违法犯罪利润最大，与 n 点相对应的横轴上的 x^* 点是最优环境违法犯罪行为点，表示了潜在环境违法犯罪人实施该环境违法犯罪在行为程度上的最佳选择。此时也意味着，每增加一单位的环境违法犯罪严重程度已不会进一步带来环境违法犯罪收益的任何增长。如果潜在环境违法犯罪人选择实施 x° 严重程度环境违法犯罪行为，此时存在环境违法犯罪利润，数量为 a 所指示的土黄色面积部分。因为在 x° 点边际收益大于边际预期处罚成本，环境违法犯罪利润还有增加的可能，潜在环境违法犯罪人会继续实施更为严重的环境违法犯罪直至 x^* 点。如果潜在环境违法犯罪人选择实施 x' 严重程度环境违法犯罪行为，此时存在环境违法犯罪亏损，数量为 b 所指示的网格状灰色面积部分。因为在 x' 点边际收益小于边际预期处罚成本，环境违法犯罪亏损还有减少的可能，潜在环境违法犯罪人会选择实施较轻的环境违法犯罪直至 x^* 点。我们可以看到，如果预期处罚成本不变，理性的环境违法犯罪人通过边际成本与边际收益的比较，环境违法犯罪行为决策的趋向是，选择环境违法犯罪利润最大化的环境违法犯罪行为水平或一定严重程度的环境违法犯罪。

图4-3不仅是潜在环境违法犯罪人行为决策的模型，也是环境执法、司法机关行为决策的基础。执法、司法机关只有以此为基础选择相应的处罚策略，才可以有效影响环境违法犯罪决策，从而有效地威慑环境违法犯罪行为。执法、司法机关处罚决策时，应当考虑个人环境违法犯罪收益、环境违法犯罪预期处罚成本，与环境违法犯罪的严重程度之间的相互依存关系。如果执法、司法机关认为，处罚威慑不足以遏制环境违法犯罪或遏制较为严重的环境违法犯罪，就要考虑提高潜在环境违法犯罪人的预期处罚成本。从公式(1)可看出，有三条途径可提高行为人的预期处罚成本，一是单纯提高处罚概率，又一个是单纯提高处罚的强度，再一个是两者都提高。如果司法机关认为，现有

的处罚水平能够有效威慑环境违法犯罪，即环境违法犯罪人的预期处罚成本可以保持不变。这时，执法、司法机关可提高处罚的强度，降低处罚概率，从而减少执法、司法成本；或者，降低处罚的强度，提高处罚概率，投入更多的执法、司法资源。这里，处罚概率可以作为政策工具来使用，在保证处罚威慑效果的情况下，用来调整执法、司法资源投入的数量。

二、执法、司法行为决策模型

处罚决策的目的是影响潜在环境违法犯罪人的环境违法犯罪决策，处罚水平的确定必须建立在潜在环境违法犯罪人的环境违法犯罪决策模型之上。由于潜在环境违法犯罪人选择环境违法犯罪的前提是边际环境违法犯罪收益超过边际预期处罚成本，并且，其会对影响环境违法犯罪收益与成本的因素产生反应，因此，一个能够产生威慑效果的处罚判决必须使潜在的环境违法犯罪人的边际预期处罚成本超过边际环境违法犯罪收益。在既定的处罚政策之下，环境违法犯罪人还是选择实施了环境违法犯罪，说明了环保局、法院所裁决、判决的处罚对环境违法犯罪人的部分环境违法犯罪行为没有起到威慑效果。图 4-4 描绘了这种情况。

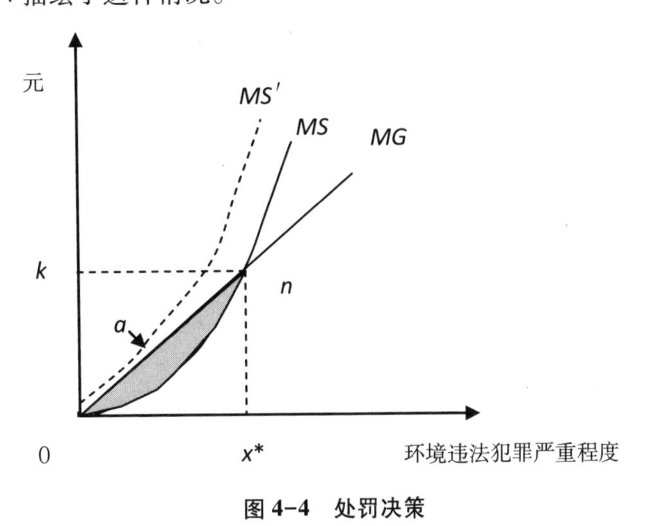

图 4-4　处罚决策

在图 4-4 中，MS 是边际处罚曲线，其表示每增加一单位的环境违法犯罪严重程度所应施加的处罚严厉程度的增加。MG 是边际环境违法犯罪收益曲线。MS 和 MG 相交于 n 点，在 n 点以下，边际处罚小于边际环境违法犯罪收益，这表示环境违法犯罪存在净收益，由 a 所指向的土黄色区域面积来表示。因为存在环境违法犯罪净收益，导致环境违法犯罪严重程度 x^* 至 0 区间的环境违法犯罪行为不能被处罚所威慑。那么，对环保部门的裁决或法院的判决来讲，怎样才能使所有不同严重程度的环境违法犯罪行为都被威慑呢？这就要使所有不同严重程度的环境违法犯罪行为的边际处罚超过边际环境违法犯罪收益，也就是说，要提高边际处罚并使 MS 曲线完全置于 MG 曲线上方，如曲线 MS' 所示，这样才能有效地威慑潜在环境违法犯罪人实施所有的不同严重程度的环境违法犯罪。由于增加威慑存在成本，大多数情况下成本非常高昂，因此，不能试图威慑全部的环境违法犯罪，应当允许存在一些不能威慑的环境违法犯罪，其数量取决于社会成本最小化的处罚威慑水平。

在影响环境违法犯罪成本与环境违法犯罪收益的诸多因素中，环保部门或法院能够影响的因素只有预期处罚成本。由公式(1)可知，预期环境违法犯罪成本是可能受到的处罚乘以处罚概率。由此可知，执法、司法部门所提供的必要的处罚，必须是在乘以处罚概率以后能够有效抵消环境违法犯罪所得，否则，处罚将不能产生可欲的威慑效果。执法、司法部门所提供的必要的处罚要考虑两个方面的要素，一个是环境违法犯罪行为的外部成本，再一个就是处罚概率。处罚取决于环境违法犯罪行为的外部成本是由环境违法犯罪的外部性决定的。环境违法犯罪的社会成本包括私人成本和外部成本。在经济学上，行为人实施了某种行为，由其自身承担的成本是私人成本，由其自身以外的人或社会承担的成本是外部成本。例如，企业生产产品并排放废气，原材料、劳动力是由企业承担的私人成本，废气所引起的损害企业并不承担，是外部成本。如果没有外部力量的介入，企业经营决策时就不会考虑外部成本，由此造成非效率的生产或资源的配置。经济外部性的治理必须依靠政府行政行为或法律制度这些外部的力量,强制性地内化外部成本。环境违法犯罪行为给他人或社会造成损害,而自身并不承担这些损害成本,这些损害是外部成本。没有外部力量的介入,行为人在环境违法犯罪决策时,就不会考虑这些外部成本。处罚的施加就是要使这些外部的环境违法犯罪成本内化,并由此引导行为人的行为决策。从全社会的角度看,处罚的总量应当等于所有环境违法犯罪行为所引起的损害量,这样才有可能消灭所有的外部性。

处罚施加的前提是抓到并审判环境违法犯罪分子,而现实生活当中并不能总是如此,很多环境违法犯罪都是以“黑数”形式存在着。如果环境违法犯罪存在黑数,这些黑数所引起的外部成本不能实际上由处罚内化,发现的环境违法犯罪必须分摊这些外部成本,这样才能使所有的外部成本内化,使处罚的总量等于所有环境违法犯罪行为所引起的损害量。假设,所有环境违法犯罪数量是1,环境违法犯罪黑数是0.5,那么,发现环境违法犯罪所分摊的比率就是2。实际上,分摊比率的倒数就是处罚概率,即实际受到处罚的环境违法犯罪数量,与实际存在的环境违法犯罪数量的比值。处罚施加时要考虑那些没有被发现的环境违法犯罪,否则,所施加的处罚作为一种成本就不能超过环境违法犯罪收益,行政处罚、刑罚的威慑就不会收到预想的效果。[①] 就执法、司法部门来讲,其针对一个环境违法犯罪分子的处罚,不能仅仅反映查实环境违法犯罪行为的损害,而且要分摊没有发现环境违法犯罪的损害。假设:h=查

---

① 这一思想边沁也阐述过:“为了保证惩罚之值压倒罪过之值,在某些场合不仅要考虑到将予以惩罚的个别罪过的收益量,还必须考虑到同类的别的罪过,那是罪犯很可能已经犯下但未被觉察的。这一随机估测方式虽然严苛,但在某些场合不可能避而不用。这样的场合指罪过的收益是钱财性质的,被觉察的可能性很小,还有那种显示了恶癖的可恶行动,例如造伪币便是如此。如果不诉诸这一方式,那么按照利弊权衡,这种犯罪做法将肯定有利可图。既然如此,立法者将绝对肯定无法钳制之,对它的全部惩罚将付之东流。仍拿我们起初用的那个词来说,惩罚百分之百将无效”。“要使惩罚的值能够超过罪过的收益,必须依其就确定性而言的不足程度,相应地在轻重方面予以增加”。“在行动确凿地显示了一种恶癖的场合,必须把惩罚增至如此地步,使之不仅能超过个别罪过的收益,而且能超过其他类似的罪过的收益,这些罪过是同一个罪犯很可能业已犯下而未受惩罚的”。参见边沁:《道德与立法原理导论》,时殷弘译,商务印书馆2000年版,第230页。

实环境违法犯罪行为引起的损害；p=处罚概率；f=预期的罚款或罚金；t=预期的自由刑幅度。那么，有效威慑处罚的选择公式是：

$$(f+t)=h/p \tag{2}$$

从公式（2）可看出，当处罚率是100%时，处罚与环境违法犯罪分子所造成的危害相同，当制裁率是0.5时，环境违法犯罪行为引起的损害是1000元时，处罚的选择应是2000元。这也意味着，因为有50%的环境违法犯罪没有制裁，环境违法犯罪的成本应当是与环境违法犯罪的全部实际危害相对应的处罚，此时的处罚威慑才有理想的效果。根据公式（2），当制裁率是0.5，环境违法犯罪行为引起的损害是1000元时，如果罚款或单处罚金，它就是2000元。如果单处自由刑，其刑期是2000除以犯人每单位刑期承受的负效用（每单位时间内犯人的机会成本以及其他负效用）。

由公式（2）进行移项，可以得到：

$$h=p(f+t) \tag{3}$$

由公式（1）、（3）可知，预期处罚成本刚好是被制裁环境违法犯罪行为的损害，这样就使处罚所施加的成本与潜在环境违法犯罪人所预期的处罚成本相一致。这说明，执法、司法部门所提供的必要的处罚在乘以处罚概率后，要等于预期成本，才能够产生可欲的威慑效果。如果执法、司法部门仅仅按查实环境违法犯罪行为引起的损害来进行处罚选择，不考虑处罚概率，所给出的处罚在潜在环境违法犯罪人按处罚概率加以折扣后，将不能有效威慑环境违法犯罪。例如，一类环境违法犯罪的处罚概率是0.25，也就是有3/4的环境违法犯罪没有制裁，一个查实的此类环境违法犯罪行为所引起的损害是1000元，如果执法、司法部门按查实的损害所给出的处罚是1000元，环境违法犯罪分子与其他潜在环境违法犯罪人再一次相同行为的环境违法犯罪决策时，所考虑的处罚预期成本是250元；如果环境违法犯罪收益与环境违法犯罪的损害相同，环境违法犯罪成本远远低于环境违法犯罪收益，先前的处罚强度无法抵消环境违法犯罪收益，处罚就没有有效的威慑效果。

公式(2)反映了执法、司法机关处罚决策时应当考虑的处罚强度、环境违法犯罪危害,与处罚概率之间的相互依存关系。如果环境违法犯罪危害增加了,处罚概率不变,处罚的强度应该增加。如果环境违法犯罪危害不变,要降低处罚概率以降低司法成本,就要提高处罚的强度;要降低处罚的强度,就要提高处罚概率,增加执法、司法资源投入。只有保持公式(2)所反映的变量因素之间的关系平衡,才能使处罚反映潜在环境违法犯罪人的真实环境违法犯罪成本预期,从而获得可欲的处罚威慑效果。

第二节　最优处罚概率与处罚强度组合

由公式(1)、(3)可知,潜在环境违法犯罪人的预期处罚成本或者被处罚环境违法犯罪的危害量,是执法、司法部门的处罚在数量上必须达到的数值,它代表了处罚所要达到的威慑水平。也就说,处罚威慑水平由潜在环境违法犯罪人的预期处罚成本或被处罚环境违法犯罪的危害量来决定。从理论上来讲,潜在环境违法犯罪人的预期处罚成本或被处罚环境违法犯罪的危害量大体是相等的,但预期处罚成本比较主观,可能受到行为人多种因素的影响,而被处罚环境违法犯罪的危害量比较客观。事实上,执法、司法部门依“社会危害是处罚的标尺”这一原则,基本上按照被处罚环境违法犯罪的危害量来决定处罚。当然,要实现有效的威慑,在存在环境违法犯罪黑数的情况下,处罚不能仅仅是查实的被处罚环境违法犯罪的危害量。如果处罚威慑水平已经确定,环境法实施政策制定或实施部门可以通过处罚概率与处罚强度的不同组合,实现有效的处罚威慑。这有两种途径:一是降低处罚概率,提高处罚强度;二是降低处罚强度,提高处罚概率。在执法、司法实践中,提高处罚概率或提高处罚强度,要受到多种因素的制约。提高处罚概率要投入更多的警察、执法、司法工作人员、监狱设施等资源,其成本的约束性较强。提高处罚强度可能受到处罚法定幅度上限的限制和监狱资源增加成本因素的制约。在不同的约束条件下,环境法实施政策制定部门可以根据实际情况选择不同的处罚概率与处罚强度的组合。例如,处罚强度受到制约,可以提高处罚概率;提高处罚概率受到执法等资源的限制,可以提高处罚强度。可以说,处罚概率和处罚强度是既定处罚威慑水平下调整不同环境法实施政策和策略的基本工具。

保持一定的处罚威慑水平,在不受其他条件的约束下,环境法实施政策和策略制定、实施部门,可以选择很多的处罚概率与处罚强度的不同组合,都可以实现有效的威慑效果,但可能不是有效率的。处罚概率和处罚强度可引起不同的成本,不同的两者之间的组合也具有不同的组合成本,有效率的环境法实施政策选择目标,是使处罚概率和处罚强度组合的成本最小化。也可以说,为保持一定的威慑水平,环境法实施政策选择要平衡处罚概率与处罚强度之间的资源分配,并使它们的组合成本最小化。为了达到最优的处罚概率和处罚强度组合,我们用函数来描述处罚概率、处罚强度以及它们的组合与相应成本的关系,并寻找实现最优组合的条件。

一、处罚概率成本函数

函数有很多种表达方式,在我们的简单模型中,使用边际函数这种形式。边际处罚概率成本是指每单位处罚概率的增加或减少所引起的威慑成本的增加或减少。设 p 为处罚概率($1<p<0$),e 为执法或司法成本(环保局、公安机关、检察院、法院投入的人力、物力),c_s 为监禁成本(监狱投入的人力、物力),边际处罚概率成本函数可表示为:

$$MP=\frac{\Delta(c_s+e)}{\Delta p}$$

边际处罚概率成本函数可以用坐标图予以表示,如图 4-5 所示。

在图 4-5 中,纵轴表示成本金额(以元为单位),横轴表示处罚概率 p($1<p<0$)。*MP* 为边际处罚概率成本曲线,其表示了随着处罚概率的增加威慑成本的边际变化趋势。随着处罚概率的增加,曲线变得越来越陡峭。这说明,提

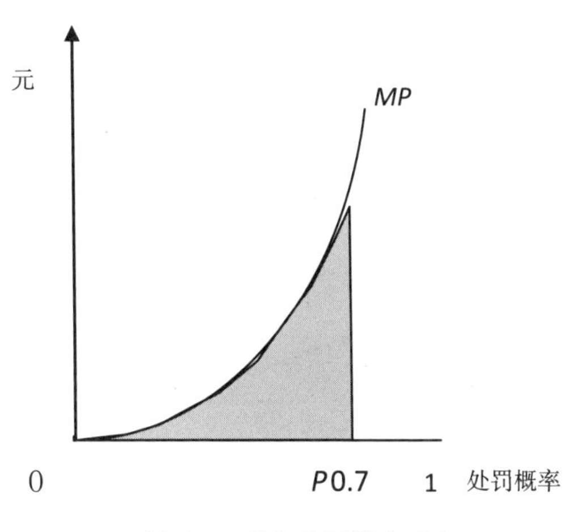

图 4-5　边际处罚概率成本

高处罚概率的成本快速上升，并且在处罚概率接近 1 时，成本会变得无穷大，这也说明，使全部的环境违法犯罪得以威慑是不可能的。*MP* 曲线下方土黄色面积为处罚概率 $P=0.7$ 时威慑 70%的环境违法犯罪所花费的总成本，当需要时，我们可以此估算或比较总成本。

二、处罚强度成本函数

提高处罚强度仅增加了环境违法犯罪分子的处罚，并不需要执法成本的增加，虽然罚款、罚金有了增加，并不增加多少成本，但刑期的延长，同样增加了监狱设施和监管人员的需求，这也增加了威慑环境违法犯罪的成本。我们使用边际处罚强度成本函数，来描述处罚强度变动与威慑成本变动之间的关系。边际处罚强度成本是指每单位处罚强度的增加或减少所引起的威慑成本的增加或减少。设 s 为刑期长度，c_s 为监禁成本，边际处罚强度成本函数可表示为：

$$MS=\frac{\Delta c_s}{\Delta s}$$

边际处罚强度成本函数可以用坐标图予以表述，如图 4-6 所示。

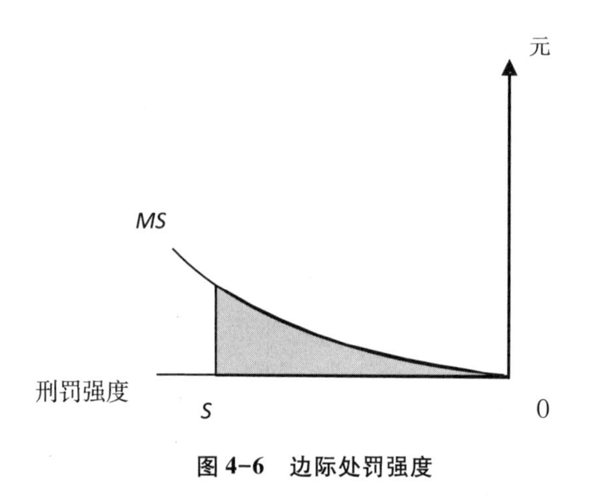

图 4-6 边际处罚强度

在上图中，MS 为边际处罚强度成本曲线，其表示了随着处罚强度的增加，威慑成本的边际变化趋势。在本图中，MS 的变化趋势比较平缓，说明了随着处罚强度的增加，监禁成本的增加幅度较小。曲线 MS 下方土黄色面积部分是 S 处罚强度下所有的监禁成本的总和，由于曲线 MS 比较平缓，其与其他两条线所围成的面积较小。这说明，增加处罚强度所造成的总监禁成本较小。

三、处罚概率与处罚强度的最优组合

处罚概率与处罚强度的最优组合是指成本最小化的组合。因为既定威慑水平下，处罚概率与处罚强度是向相反方向变动的，我们可以把边际处罚概率成本函数与边际处罚强度成本函数叠加在一起，从而判断成本最小化的处罚概率与处罚强度组合，如图 4-7 所示。

在图 4-7 中，横轴既表示处罚概率，也表示处罚强度，处罚概率从左至右逐渐增大，处罚强度从右至左逐渐增大，且在横轴每一个点上，处罚概率与处罚强度的乘积都是 10（假定对某一环境违法犯罪有效威慑的处罚水平是 10），处罚威慑水平保持不变。当曲线 MS 与曲线 MP 相交时，两条线与横轴所围成的土黄色面积 $a+b$ 最小，也就意味着此时的处罚概率与处罚强度组合是威慑成本最小化的最优组合。曲线 MS 与曲线 MP 相交点 n 所对应的横轴

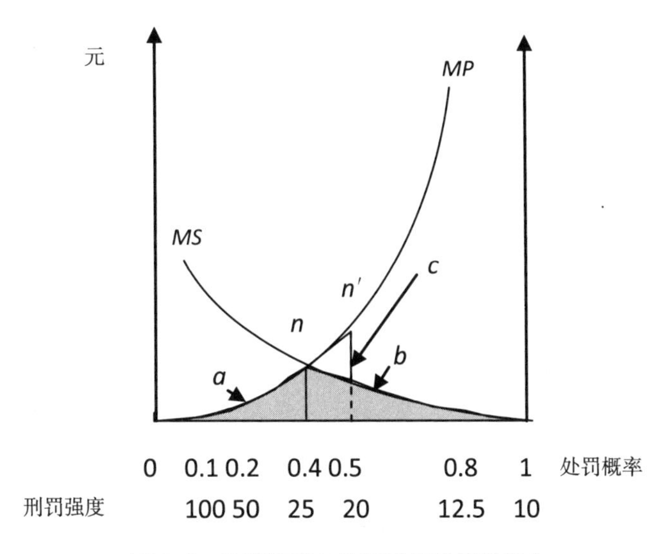

图 4-7　处罚概率与处罚强度的最优组合

上的处罚概率是 0.4，处罚强度是 25，此时，0.4 的处罚概率与 25 的处罚强度是成本最小化的组合，此点的处罚威慑水平还是 10，保持不变。如果处罚概率提高至 0.5，保持处罚威慑水平不变，相应的处罚强度降低至 20，此时，曲线 *MS* 与曲线 *MP* 相交点为 n'，在 n' 点，曲线 MS 与曲线 *MP* 与横轴围成的面积是 $a+b+c$，面积 $a+b+c$ 总大于面积 $a+b$，因此 0.5 的处罚概率与 20 的处罚强度不是成本最小化的组合。在司法实践中，采用这样的组合明显不具有成本上的优势。在图 4-7 中，只要不是 0.4 的处罚概率与 25 的处罚强度的组合，其组合成本都不是最低的。可以看到，处罚概率与处罚强度组合最优的条件是边际处罚概率成本与边际处罚强度成本相等。在实践中，可根据边际处罚概率成本函数与边际处罚强度成本函数，观察或估算边际处罚概率成本与边际处罚强度成本的数值，以确定它们的最优组合。

由于受到其他约束因素的影响，处罚概率与处罚强度的最优组合可能无法实现。这些因素主要是处罚幅度、司法行政机关的人力资源和监狱的容纳能力。就处罚强度来说，对某一环境违法犯罪所施加的处罚强度的增加不是无限的,要受到最高法定刑幅度和边际威慑的限制,对某一环境违法犯罪所施加的处罚不能超过最高法定刑幅度,最为关键的是不能使处罚失去边际威慑。边际威慑是指处罚要有利于使潜在环境违法犯罪人选择较轻的环境违法犯罪行为,如果较轻的环境违法犯罪与较重的环境违法犯罪受到相同的处罚,那么,潜在环境违法犯罪人就宁愿选择较重的环境违法犯罪去实施。此时,处罚的边际威慑是不存在的。当然,处罚的威慑效果也就不可能是理想的。因此,对某一环境违法犯罪不能无限增加处罚强度,必须为其他更为严重的环境违法犯罪留下适用处罚的余地。假如 0.4 的处罚概率与 25 的处罚强度是最优组合,但对某一环境违法犯罪可适用的最可能高的处罚强度是 20,为保持既定的处罚威慑水平不变,只能提高处罚概率至 0.5。虽然提高处罚概率增加了成本,但因为保证了处罚的威慑效果,特别是保证了处罚的边际威慑,会增加控制环境违法犯罪的收益,在社会层面上,并不见得没有效率。处罚概率与处罚强度的最优组合,可能受到司法行政机关人力资源的制约。在 0.4 的处罚概率与 25 的处罚强度最优组合中,假如用于某一类环境违法犯罪的司法行政机关人力资源只能保证 0.3 的处罚概率,为保持既定的处罚威慑水平,只能选择 0.3 的处罚概率与 100/3 的处罚强度组合。假如 100/3 的处罚强度又受到监狱容纳能力的制约无法实现,有关部门就要考虑扩充司法行政机关人员或扩建监狱设施。我们可以看到,由于需要考虑的因素或因素之间的关系比较多,处罚概率和处罚强度在既定处罚威慑水平下实现成本最小化的最优组合并不容易。

第三节　最优处罚威慑水平

最优处罚选择应该使威慑的社会总成本最小化,这里,不仅要考虑特定威慑水平下成本最小化的处罚概率与处罚强度的组合,还要考虑特定的处罚威慑水平是成本最小化的威慑水平。为确定最优的处罚威慑水平,我们需要构建一个简单的、一般的经济模型来说明环境法实施政策或策略制定的最为基本的原理。这个模型能够反映威慑环境违法犯罪活动所共同具有的简单的取舍关系。为了威慑更多的环境违法犯罪,就必须提高威慑水平,这需要投入更多的资源。理论上讲,当处罚威慑水平足够高时,所有的环境违法犯罪都会被威慑。此时,人们会发现这样的一种处罚的成本太高昂,以致社会无法承受。在处罚威慑水平提高的过程中,环境违法犯罪的数量在不断减少,人们将会发现为保有较高水平处罚威慑所投入的成本,远远高于环境违法犯罪危害减少而给社会带来的益处,那么,保持如此高的处罚威慑水平就是不值当的或者说是不正义的。处罚威慑活动中的取舍关系说明,为提高处罚威慑水平所付出的成本代价应当与环境违法犯罪危害减少而给社会所带来的收益相平衡才是正当的。简单地说,这种取舍关系反映的是与处罚威慑相关的成本与收益的取舍。我们判断这种取舍的效率标准是威慑成本的最小化。为了经济分析的便利,我们利用函数来表示处罚威慑水平与环境违法犯罪危害、威慑成本之间的相互关系。在处罚威慑过程中,存在两组与成本有关的函数关系:一组是处罚威慑水平与环境违法犯罪危害之间的关系,另一组是处罚威慑水平与处罚成本之间的关系。前者称为环境违法犯罪危害函数,后者称为处罚成本函数。

一、环境违法犯罪危害函数

在环境违法犯罪危害函数中,环境违法犯罪危害是环境违法犯罪数量的函数,环境违法犯罪数量是处罚威慑水平的函数,处罚威慑水平的提高或降低,将引起环境违法犯罪数量的减少或增加,然后进一步引起环境违法犯罪危害的减少或增加。因为环境违法犯罪危害是一种社会成本,处罚威慑水平的增加或减少将引起环境违法犯罪的社会成本减少或增加。函数有很多种表达方式,在我们的简单模型中,使用边际函数这种形式。边际危害是指处罚威慑水平的增加或减少一单位引起的环境违法犯罪危害减少或增加的量。设 q 为环境违法犯罪威慑水平,h 为环境违法犯罪危害,环境违法犯罪的边际危害函数可表示为:

$$MD = \frac{\Delta h}{\Delta q}$$

边际危害函数可以用坐标图予以表述,如图 4-8 所示。从坐标图上看,边际危害曲线 *MD* 随着处罚威慑水平的提高而降低并向原点凸出。这说明,在处罚达到有效威慑水平以后,一开始每增加一单位的处罚能使较多的环境违法犯罪受到威慑,环境违法犯罪危害成本减少的较多,随着处罚威慑水平的提高,每增加一单位的处罚所能减少环境违法犯罪危害成本的数量不断降低。这不仅反映了边际危害成本随着威慑水平提高递减的趋势,也反映了随着威慑水平的提高,可降低的环境违法犯罪危害数量越来越少(环境违法犯罪危害数量减少意味着社会收益增加,可降低的环境违法犯罪危害数量越来越少,意味着可提高的社会收益也越来越少)。这也意味着,一开始将处罚威慑水平提高 2%,如从 15%提高到 17%,所获得的环境违法犯罪危害的减少量比将处罚威慑水平从 80%提高到 82%所获得的环境违法犯罪危害的减少量要大得多。边际危害曲线 *MD* 下方所围成的土黄色面积是处罚威慑水平 q 下没有受到威慑的环境违法犯罪所造成的总危害,它表示了社会中现有的环境违法犯罪所引起的社会总成本。在需要时,我们可以用此函数估计已被威慑或没有被威慑的环境违法犯罪的危害成本。

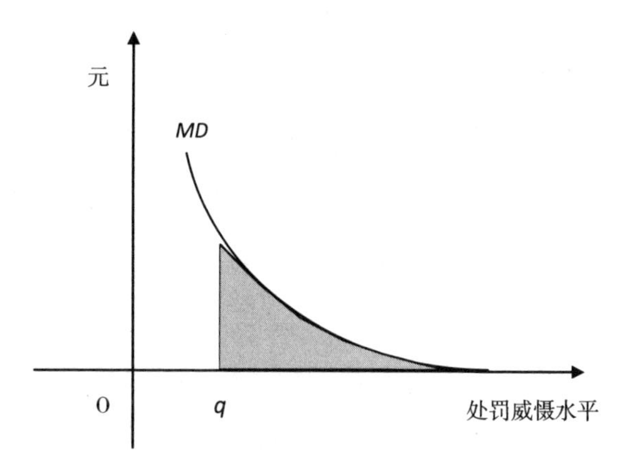

图 4-8　边际危害成本

二、处罚成本函数

一般意义上,处罚威慑水平越高,威慑环境违法犯罪所产生的控制成本越高。为了描述处罚威慑水平与处罚成本之间的关系,我们使用处罚成本函数这一概念。像前边一样,我们用边际处罚成本函数来分析处罚的成本。边际处罚成本是指增加或减少一单位的处罚所带来的威慑环境违法犯罪成本的增加或减少。处罚成本是在环境法实施过程中为惩罚和威慑环境违法犯罪所产生的成本,包括监管成本、侦查破案成本、刑事诉讼成本、监禁成本以及被监禁罪犯生产力的损失等。罪犯服刑对其自身来讲是一种负效用,但这种负效用不能计入社会福利,被监禁罪犯生产力的损失对社会福利来讲是一种损失,这会构成处罚成本的一部分。为了威慑更多的潜在环境违法犯罪人,必须提高处罚的水平。这样,监管成本、侦查破案成本、刑事诉讼成本、监禁成本以及被监禁罪犯的生产力损失等都会增加。处罚威慑水平越高,所增加的处罚成本越多。设 c_s为监禁成本,e 为执法成本,u_s为罪犯服刑的生产力损失,威慑总成本 $c=c_s+e+u_s$,威慑的边际成本函数是:

$$MC=\frac{\Delta(c_s+e+u_s)}{\Delta t}=\frac{\Delta c}{\Delta t}$$

图 4-9 描述的是坐标图中的边际处罚成本曲线,从坐标的原点开始施加处罚来威慑环境违法犯罪,为了威慑更多的环境违法犯罪,需要施加更多的处罚,也带来了处罚成本的增长,从左到右处罚成本逐渐递增,形成一条上升的边际曲线。随着处罚威慑水平的提高,每增加一单位的处罚所能增加的威慑环境违法犯罪的成本不断提高,反映了一种边际处罚成本递增的趋势。边际处罚成本曲线一开始较为平缓,而后变得陡峭。这说明,边际处罚成本随威慑水平的提高增长迅速。这也说明,一开始将处罚威慑水平提高 2%,如从 15%提高到 17%,所花费的成本的增加量比将处罚威慑水平从 80%提高到 82%所花费的成本增加量要小得多,即随着处罚威慑水平的提高,处罚威慑越来越困

难。边际处罚成本曲线 MC 下方所围成的土黄色面积是处罚威慑水平 q 下，威慑环境违法犯罪所引起的总成本，在需要时，我们可以用此函数估计一定威慑水平下处罚威慑的成本。

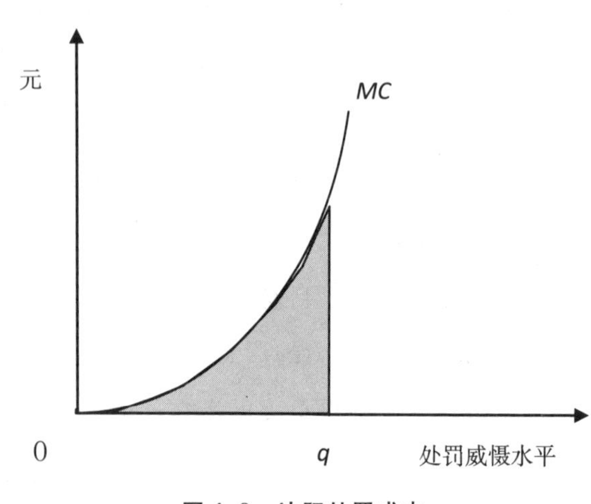

图 4-9　边际处罚成本

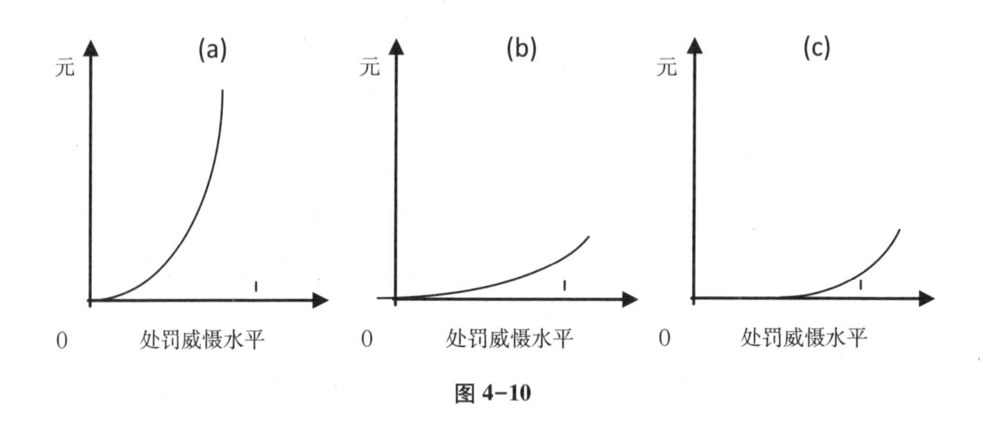

图 4-10

图 4-10 是三个具有代表性的边际处罚实施成本函数。图 4-10(a)说明在处罚威慑过程中，一开始处罚供给的边际成本上升得比较缓慢，但当进一步提高威慑水平时，处罚供给的边际成本快速上升。用提高处罚概率的方式来威慑环境违法犯罪时，其边际成本符合这一特征。图 4-10(b)说明在整个处

罚威慑过程中,处罚供给的边际成本一直平稳上升。用提高监禁刑强度的方法来加强威慑,其处罚供给的边际成本符合这一特征。图 4-10(c)说明在处罚威慑过程中,一开始边际成本为零,即处罚供给的成本没有任何的增加,其后才有了成本的增加。当采用复合刑种威慑环境违法犯罪时,例如,先用管制再用监禁或先用罚金再用监禁来威慑环境违法犯罪时,其边际成本发生规律符合这一特征。

边际处罚实施成本函数可以用来评价处罚威慑策略的优劣,这需要比较各自不同的边际成本曲线。参见图 4-11,*MC*1 边际成本曲线开始比较平缓,往后变得较为陡峭。这表示处罚威慑策略 A,刚开始成本较低,而后成本迅速上升。*MC*2 边际成本曲线总体比较平缓,随着被处罚环境违法犯罪数量的增加,处罚威慑策略 B 的成本稳步上升。哪种处罚威慑策略更具成本优势呢?图中 q 点代表一定被处罚的环境违法犯罪数量,过 q 点引横轴的垂线,分别与 *MC*1 和 *MC*2 相交,图中阴影 b 的面积代表处罚威慑策略 B 的总成本,阴影 $a+b$ 的面积代表处罚威慑策略 A 的总成本,因为 $a+b>b$,处罚威慑策略 B 具有明显的成本优势。

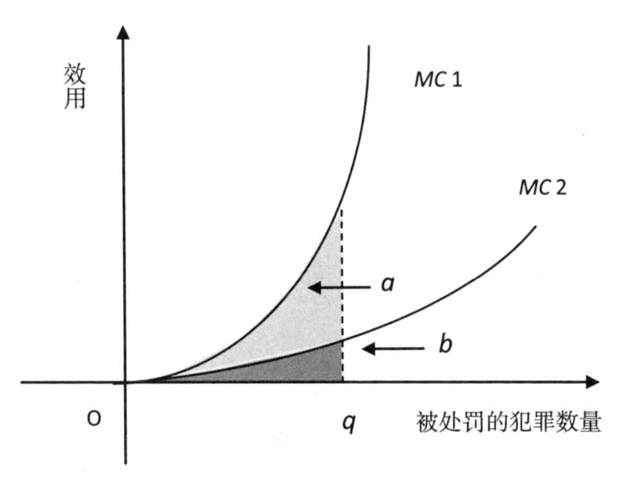

图 4-11

三、有效率的处罚威慑水平

一定水平的处罚威慑会降低环境违法犯罪行为对社会造成的危害,但处罚的威慑也是有代价的。为提高威慑水平,就要提高处罚概率或处罚强度,以使处罚具有足够的威慑力对潜在环境违法犯罪人产生吓阻效果。提高处罚概率或处罚强度,必然增加执法和处罚实施成本。在司法资源有限的情况下,执法和处罚实施成本的增加有其限制性,这一方面说明了不可能通过无限提高威慑水平来消灭所有的环境违法犯罪,另一方面也说明了处罚威慑必须重视成本效益,追求处罚威慑的效率。我们前边已经分析了环境违法犯罪的边际危害函数和边际处罚威慑成本函数,现在把两者结合起来分析处罚的效率,来确定最优的处罚。我们假定一定数量的处罚强度和处罚概率决定着处罚威慑水平,一定的处罚威慑水平会成比例地引起一定的处罚成本。同时,处罚威慑水平决定着还有多少环境违法犯罪没有被威慑,以此可以确定环境违法犯罪危害成本。有效率的处罚威慑就是在什么样的处罚水平下,处罚成本与环境违法犯罪危害成本是最小化的。图 4-12 描绘了一组代表性的边际环境违法犯罪危害曲线和边际处罚成本曲线,分别记为 *MD* 和 *MC*。图 4-12 的横轴代表单位处罚威慑水平,纵轴代表成本。

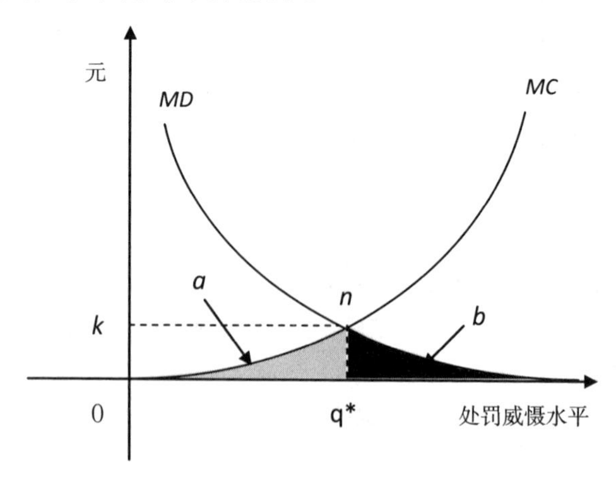

图 4-12

处罚威慑可以减少环境违法犯罪，但要以浪费一定的资源为代价，因此，处罚威慑的规模不可能无限扩大。那么，人们应当投入多少资源来威慑环境违法犯罪呢？从成本的角度来说，环境违法犯罪的社会危害是一种社会成本，处罚威慑的投入也是一种社会成本。处罚威慑所造成的社会成本变动来自不同方向的两个方面：一方面，是处罚威慑引起危害社会的行为变少，减少了社会成本，处罚威慑越强有力，减少的社会成本越多；另一方面，处罚威慑的资源投入增加了社会成本，处罚威慑越强有力，增加的社会成本越多，最优的处罚威慑水平是使社会总成本最小化。从均衡的角度讲，当环境违法犯罪的边际危害成本和边际处罚威慑成本相等时，处罚威慑水平最优，也意味着社会总成本最小。在图 4-12 中，曲线 MD 与曲线 MC 交于点 n，表示环境违法犯罪的边际危害成本和边际处罚威慑成本相等，与 n 点相对应的横轴上的 q^* 点，就是最优的处罚威慑水平，在此点，边际危害成本和边际处罚威慑成本相等，均为 K。此时也意味着，每增加一单位的处罚威慑投入，已不会进一步降低环境违法犯罪危害与处罚威慑的社会总成本，从而达到了一种帕累托最优状态。

解释最优的处罚威慑，还可以采用总量分析的方法。由成本的最小化来衡量，最优的处罚应当是社会成本最小化时的处罚。在经济学上，成本总量是成本边际曲线下方与坐标横轴所围成的面积。因此，在图 4-12 中，环境违法犯罪危害总量或环境违法犯罪的社会成本为面积 b，处罚成本总量为面积 a，面积 $a+b$ 是社会总成本。当单位处罚威慑水平为达到 q^* 时，面积 $a+b$ 最小。任何的偏离 q^* 点的处罚威慑水平，其社会成本都将提高。请比较图 4-13 所示的成本曲线所围成的面积。在图 4-13 中，当单位处罚威慑水平达到 q' 时，边际处罚威慑成本为 $k1$，处罚威慑成本总量为 MC 曲线下方与横轴所围成的面积 a'（斜纹状部分），边际环境违法犯罪危害为 $k2$，环境违法犯罪危害总量为 MD 曲线下方与横轴所围成的面积 b'（土黄色部分），很明显，$k1$ 不等于 $k2$，面积 $a'+b'$ 大于面积 $a+b$。只要 q' 不在 q^* 点，无论 q' 是在 q^* 点的左边还是右边，面积 $a'+b'$ 总是大于面积 $a+b$。因此，理论上，在任何时候，当边际危害成本和边际处罚成本相等时,处罚威慑水平最优。

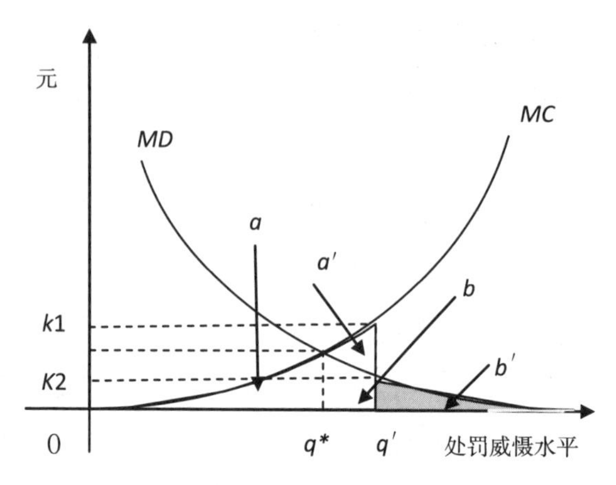

图 4-13　有效率的处罚威慑水平

只要存在着处罚威慑成本的制约,处罚威慑水平就不可能任意提高,社会环境违法犯罪的数量也不可能减少到零。昂贵的处罚威慑成本使得环境法实施政策制定者或实施者,不能试图威慑所有的环境违法犯罪,要允许社会存在一定数量的环境违法犯罪。最优环境违法犯罪数量,就是最优处罚威慑水平下所对应的环境违法犯罪数量。只要将图 4-13 中的处罚威慑水平替换为环境违法犯罪数量,改变 *MD* 曲线和 *MC* 曲线的位置,我们就可以通过坐标图观察最优环境违法犯罪数量。如图 4-14 所示:

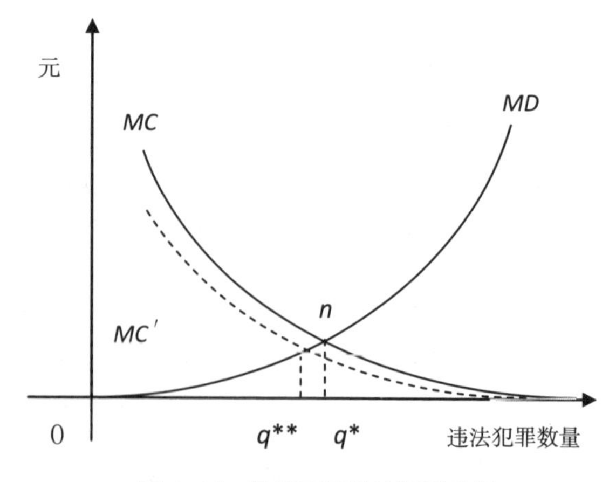

图 4-14　最优环境违法犯罪数量

在图4-14中，曲线MD与曲线MC交于点n，与n点相对应的横轴上的q^*点，就是威慑成本制约下的最优环境违法犯罪数量。如果通过降低处罚威慑水平来减少处罚威慑成本，将导致社会环境违法犯罪数量增多，其所导致的社会危害成本的增加量超过处罚威慑成本的减少量，降低处罚威慑水平不合算；相反，如果通过提高处罚威慑水平来减少更多的环境违法犯罪，将导致处罚威慑成本提高，其提高量超过环境违法犯罪危害成本的减少量，提高处罚威慑水平不合算。人们可以通过改变边际处罚成本变化的趋势，来降低最优环境违法犯罪数量，如图4-14中MC'曲线所示，边际处罚成本曲线位置降低，最优环境违法犯罪数量来到q^{**}点。边际处罚成本曲线位置降低的实质是边际处罚成本降低，其可以通过提高侦查技术水平和监狱的管理效率来完成。我们可以看到，利用高科技手段来提高破案效率，对于处罚威慑有重要的意义。高科技手段可以降低执法成本，从而在不提高处罚威慑成本的情况下，降低社会最优环境违法犯罪数量，同时，也降低了环境违法犯罪的社会成本。

有效率的处罚威慑必须符合三个条件。首先，执法、司法部门给出的处罚必须是有效的，即判决的处罚在乘以处罚概率后，作为预期处罚成本能够抵消环境违法犯罪所得。如果处罚不是有效的，也就谈不上是有效率的。其次，既定处罚威慑水平的处罚概率与处罚强度的组合是最优的，即处罚概率与处罚强度的组合成本最小化。最后，处罚威慑水平是最优的，即该处罚威慑水平下，环境违法犯罪危害成本与处罚威慑成本最小化。这三个条件对于处罚威慑效率缺一不可。本书对处罚威慑效率的探讨只是规范意义上的，意在说明成本约束下的处罚威慑的应然状态。处罚威慑效率可以作为一个标准，评价环保部门的裁决或法院的判决是否能够产生威慑效果，评估已有环境法实施政策下，为打击环境违法犯罪所投入的资源规模是否正当。当然，处罚威慑效率也可以作为一个标准，预测有效威慑的处罚判决，恰当地制定环境法实施政策、策略和选择处罚威慑水平。

第四节　有效率的处罚形式

以上仅仅提供了一个基本的分析框架,具体处罚威慑实施时,会采取不同的处罚策略,相应的最优处罚会有不同。为了对最优处罚有深入、全面的理解,以下我们对具体的处罚策略进行经济分析。首先讨论罚款、罚金,再讨论监禁和罚金并处。

一、罚款、罚金

罚款是环境行政处罚的主要方式,罚金是对环境犯罪的处罚,两者的法律性质不同,但同属财产性质的法律责任,可以放在同一个模型中加以分析。罚款、罚金的最优水平,可以根据前述的标准模型来确定。由于罚款、罚金的执行并不需要太多的成本,它们的处罚概率与处罚强度的最优组合,同成本昂贵的监禁刑的处罚概率与处罚强度的最优组合是不同的。因为处罚仅仅是罚款、罚金,其执行只是从环境违法犯罪人手中转入国库,其间并不需要成本或成本可以忽略不计。这样,罚款、罚金强度执行成本基本是零。处罚概率成本会随处罚概率的高低而变动。但无论处罚概率如何变动,最终的罚款、罚金处罚概率与罚款、罚金强度的最优组合的前提条件,是边际处罚概率成本与边际罚款、罚金强度成本相等,因为边际罚金强度成本为零。当边际处罚概率成本为零时,罚金处罚概率与罚金强度的组合是最优的。如图 4-15 所示,*MP* 是边际处罚概率成本曲线,*MS* 作为边际罚款、罚金强度成本曲线与横轴重合,当 *MP* 与横轴相交于原点时,罚款、罚金处罚概率与罚款、罚金强度的组合是最优的。这意味着,罚款、罚金刑适用时应尽可能使处罚概率趋向于零,而罚款、罚金趋向于无穷大,罚款、罚金处罚的社会成本最小。

事实上,罚款、罚金强度不可能无限地高,它要受到多个因素的影响。在一定的约束条件下,罚款、罚金的最高法定幅度,决定了成本最小化的处罚概

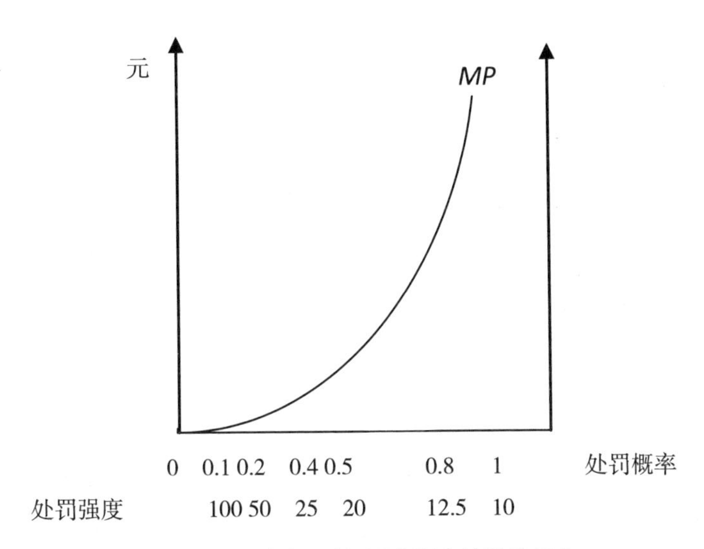

图 4-15　处罚概率与罚款、罚金强度的最优组合

率与罚款、罚金强度的组合。根据公式(1)、(3)可知,罚款、罚金威慑水平是罚款、罚金强度与处罚概率的乘积,如果罚款、罚金威慑水平保持不变,或者说它是一个常数的话,我们可以用等威慑水平曲线来描述罚款、罚金威慑水平,罚款、罚金强度,处罚概率三者之间的关系。同时,我们用最高罚金幅度确定约束条件下成本最小化的处罚概率与罚金强度的组合。如图 4-16 所示:

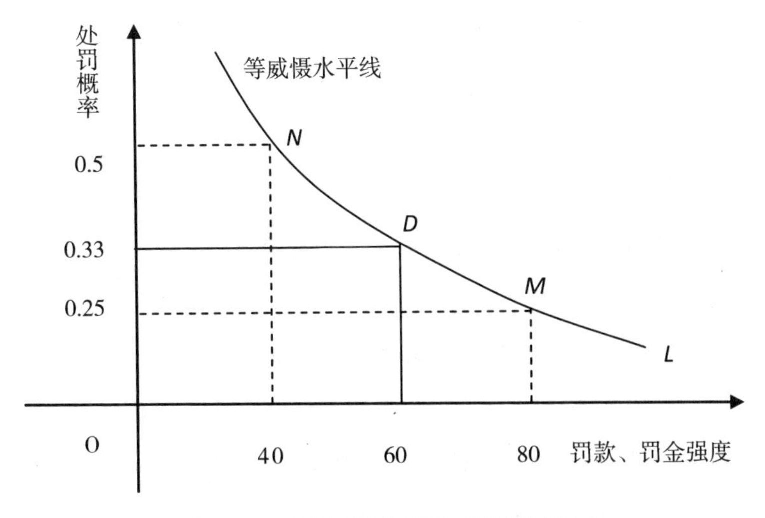

图 4-16　处罚概率与罚款、罚金强度组合

在图 4-16 中，曲线 *L* 是等威慑水平曲线，在该曲线上的任何一点所代表的罚金水平是相同的。假如罚金水平是 20，*M*、*N*、*D* 三点虽然代表着不同的罚款、罚金强度与处罚概率的组合，但它们的罚款、罚金威慑水平都是相同的。如果受其他条件的约束，罚款、罚金强度只能是 60 的话，那么，成本最小化罚款、罚金强度与处罚概率的组合就是罚款、罚金强度为 60 与处罚概率约为 0.33。当然，有时处罚概率受刚性成本约束，无法达到 0.33。为获取有效率的环境法实施水平，就要考虑其他替代措施，例如，经济手段、财政手段、柔性环境执法等。

由于罚款、罚金的最高幅度决定了成本最小化的处罚概率与罚款、罚金幅度的组合，确定罚款、罚金的上限将是重要的。罚款、罚金的上限主要受制于两个方面的因素，一是法律所规定的罚款、罚金上限，二是行为人的支付能力。罚款、罚金强度提高的一个现实障碍，是行为人没有足够的财富来支付罚款、罚金。例如，在环境处罚中，强制执行罚金，有可能引起企业破产，这是注重经济发展的政府所不愿看到的。环境危害行为所引起的损害往往高于公司的财产，执法机关一般根据行为的损害进行处罚，这导致罚款、罚金很容易超过公司的财产而引起破产。即使没有引起企业破产，过高的罚款、罚金，也会影响到企业的竞争力。在当前我国区域经济竞争态势下，地方政府也不愿意看到这种情况的出现。

二、罚金、监禁两者并处

因为罚金的适用不需要成本，应首先最可能高地适用罚金，然后再考虑适用监禁，这样可以最大限度地降低处罚的成本。如果罚金的适用还有很大的余地，就去考虑适用监禁，或者罚金和监禁同比例地适用，不可能使这样的罚金和监禁的适用达到最优。在此种情况下，还存在着其他成本更低的选择。这个结论可以通过图 4-17 的比较获得。*MCsf*1 曲线是先适用罚金，然后再适用监禁的威慑策略的边际成本线。适用罚金时，边际成本为零，当适用监禁时，才有边际成本，从 S^0 点开始上升。这样，*MCsf*1 曲线低于 *MCsf*2 曲线，*MCsf*1 曲线与 *MDsf* 曲线的交点 r' 也低于 *MCsf*2 曲线与 *MDsf* 曲线的交点 r，三角形 $S^0S'r'$ 的面积小于三角形 $0S'r$ 的面积。很明显，先适用罚金再适用监禁的威慑策略，能以更低的成本实现更多的环境违法犯罪威慑。

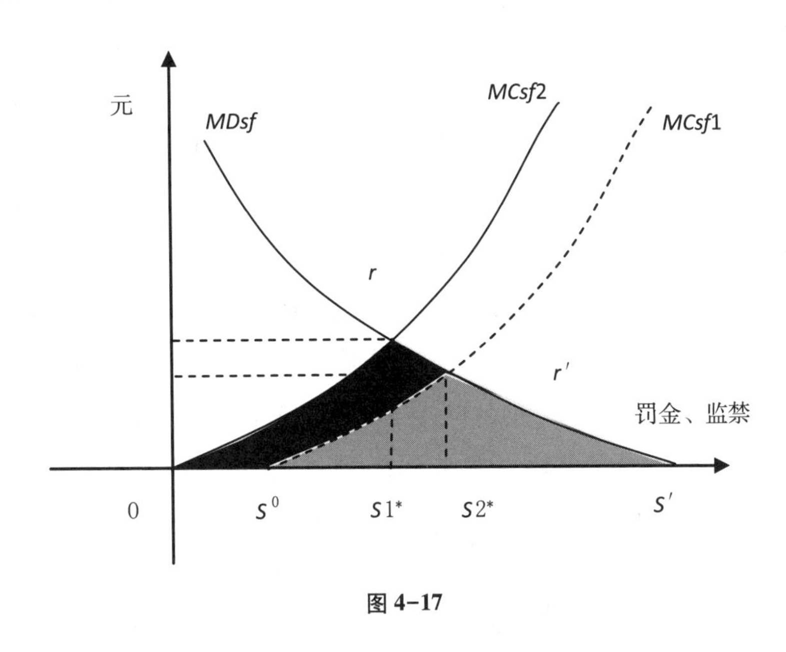

图 4-17

第五节　影响环境法实施效率的其他因素

环境法实施效率基本模型，仅仅是对处罚选择与其他相关因素依存关系的最简化的描述。实际上，影响处罚选择的因素非常多，使模型的描述较为复杂和困难。这里，仅仅简要提及几个重要的影响因素。

一、风险态度

风险态度是人们在不确定性条件下可承担风险的意愿，可分为风险厌恶者（害怕风险或对风险比较敏感）、风险喜好者（愿意接受更多的风险）和风险中立者。预期效用理论认为投资者的风险态度是风险厌恶的,当人们在不确定性条件下进行选择时基本上是风险厌恶的。风险态度会对人们的行为选择产生重要的影响。因此,在进行经济分析时,要根据风险偏好修正分析结果。

处罚的威慑效果来自潜在违法犯罪人对刑罚成本的预期,通过设定一个足够高的预期成本,行政处罚或刑罚的实施就可以遏制潜在违法犯罪人去实施违法犯罪行为。预期处罚成本是制裁概率与刑罚强度的乘积,无论是通过提高处罚概率还是提高处罚强度,都可以提高预期处罚成本并增强处罚的威慑力。处罚概率和处罚强度对于处罚预期成本的效果看似相同,但考虑到行为人的风险态度,它们对处罚预期成本的效果可能是不同的。贝克尔认为,制裁概率的增加能够被刑罚强度同比例的减少所补偿,这不会改变违法的预期收入,而是改变了违法的预期效用,因为这时风险程度改变了。① 处罚概率的提高增加了违法犯罪被惩罚的数量,这可以相应降低处罚强度。这实际上是降低了违法犯罪行为的风险,如果潜在违法犯罪人是风险喜好者,他愿意接受更多的风险,风险的降低将对行为选择产生负面的影响。因此,虽然预期刑罚成本没有改变,但处罚概率的提高就能够产生威慑效果。如果潜在违法犯罪人是风险厌恶者,对风险比较敏感,进一步提高风险才会产生好的威慑效果,而只有降低处罚概率,相应提高处罚强度才能提高风险。如果潜在违法犯罪人是风险中立者,其只重视预期刑罚成本,处罚概率提高和处罚强度降低或者相反都具有一样的效果。

与经济学所假定的投资者是风险厌恶的不同,主流的犯罪经济学基本上认为犯罪人是风险喜好的。一般的认识是,定罪可能性比惩罚更有威慑力。这意味着,至少在刑罚相关范围内,违法者对风险持偏重态度。② 这就是说,潜在犯罪人基本都是风险喜好者,他们对制裁概率的变化的反应比对刑罚强度的反应更加敏感,也可以说,提高制裁概率比提高刑罚强度更加具有威慑

① [意]贝卡里亚:《论犯罪与刑罚》,黄风译,中国法制出版社 2002 年版,第 65 页。

② [意]贝卡里亚:《论犯罪与刑罚》,黄风译,中国法制出版社 2002 年版,第 66 页。

力。强调提高制裁概率比提高刑罚强度更加重要的思想,由来已久。贝卡里亚认为,“对于犯罪最强有力的约束力量不是刑罚的严酷性,而是刑罚的必定性,……即使刑罚是有节制的,它的确定性也比联系着一线不受处罚希望的可怕刑罚所造成的恐惧更令人印象深刻。因为,即便是最小的恶果,一旦成了确定的,就总令人心悸。”①刑罚的确定性就是指比较高的制裁概率的刑罚,贝卡里亚在此强调有节制的、高制裁概率的刑罚比高强度的、低制裁概率的刑罚有更好的威慑效果。一些实证的研究也为上述的观点提供了支持。伊里奇以美国联邦调查局发布的犯罪数据为依据,对 7 种犯罪进行了估算并发现,犯罪数量与制裁概率、刑罚强度之间的关系相当稳定,制裁概率与刑罚强度对犯罪数量有着显著的负效用。通常,制裁概率的影响超过刑罚强度的影响,说明在观察范围内犯罪者对风险持喜好的态度。②

首先在刑罚威慑模型中考虑行为人风险态度的是贝克尔,在其之前,司法实践经验虽然已经总结出了制裁概率的改变所产生的威慑效果要大于刑罚强度的改变所产生的威慑效果,但没有一个理论来说明这种关系。贝克尔的目标是提出一个正式的理论,将行为人的风险态度与刑罚威慑理论相结合,来说明刑罚确定性与严厉性的威慑力受制于犯罪人的风险态度。贝克尔认为,刑罚确定性与严厉性对刑罚威慑的影响是不同的,取决于罪犯的风险态度是风险中立、厌恶,还是喜好。如果罪犯是风险喜好的,刑罚确定性的增加对犯罪决策遏制作用将超过刑罚严厉性增加的作用;如果罪犯是风险厌恶的,刑罚严厉性增加的威慑效果将大于刑罚确定性增加的效果;如果罪犯是风险中立的,刑罚确定性与严厉性的改变具有相同的效果。根据贝克尔的理论,为了增加刑罚的威慑效果,增加刑罚的确定性或增加刑罚的严厉性都是有效的选择,关键问题在于潜在犯罪人是什么风险态度。贝克尔在其理论中并没有明确指出

---

① ［意］贝卡里亚:《论犯罪与刑罚》,黄风译,中国法制出版社 2002 年版,第 68 页。

② Ehrlich I., “Participation in Illegitimate Activities: A Theoretical and Empirical Investigation”, *The Journal of Political Economy*, Vol.8, No.3.(May-Jun., 1973), pp.521-565.

潜在犯罪人一般性的风险态度是什么，但他还是关注了司法界业已存在的“犯罪是风险喜好者”的观点，并用他的理论模型解释了这种观点。

贝克尔认为，根据潜在犯罪人的风险态度不同，可以选择制裁概率与刑罚强度的不同取值，从而使刑罚威慑的成本减至最小。① 如果潜在犯罪人是风险喜好的，刑罚确定性增加的威慑效果超过刑罚严厉性增加的威慑效果，在保证一定刑罚威慑水平的前提下，刑罚政策应当选择提高刑罚确定性、降低刑罚严厉性来使刑罚威慑的成本减至最小（从这一点上来讲，司法实践经验所总结的制裁概率的改变所产生的威慑效果要大于刑罚强度的改变所产生的威慑效果的观点是正确的，但必须是建立在潜在犯罪人是风险喜好的前提下，贝克尔在此仅指出在有限几种严重犯罪上，潜在犯罪人的风险态度是喜好的）。如果潜在犯罪人是风险中立的，刑罚确定性与严厉性的改变具有相同的效果，一个相同比例的刑罚强度的增加能够补偿制裁概率的减少将不会改变刑罚的威慑水平，也不会改变犯罪的最优数量和社会危害性，但可以减少刑罚威慑的成本。这是因为，制裁概率的降低所引起的成本的减少量要多于刑罚强度的提高所引起的成本增加量。这样，可以通过任意降低制裁概率，使其接近于零，同时使刑罚强度充分提高，可以使刑罚威慑的成本减至最小。如果潜在犯罪人是风险厌恶的，刑罚严厉性增加的威慑效果将大于刑罚确定性增加的效果，也同样可以通过任意降低制裁概率至零，同时充分提高刑罚强度。这样，既可以减少刑罚威慑的成本，也可以减少犯罪的数量和社会危害性，从而使刑罚威慑的成本减至最小。

对于潜在犯罪人是不是风险喜好的或刑罚的确定性比刑罚的严厉性更有威慑力的问题，在理论界存在不同的主张。很多研究者认为，刑罚的严厉性与刑罚的确定性对于刑罚的威慑效果同等重要。洛根通过监禁与犯罪率的关联性回归分析证实，在监禁确定性效果被控制之后，监禁的严厉性与犯罪之间的关系显示了一种负相关性。相关证据证明，确定性与严厉性对犯罪的影响是

---

① Becker, G. S., “Crime and Punishment: An Economic Approach”, *Journal of Political Economy*, Vol.76, No.1. (Mar., 1968), pp.72-73.

相互的。[①] 格斯米克等人认为，以前有关刑罚严厉性的测量的有效性是有疑问的，刑罚威慑的理性假设从来没有被有效地测量验证过，使用精练的测量方法分析刑罚威慑显示了与预期刑罚效用更多的一致性，分析的结果支持了理论的假设：在刑罚确定性相对较高的水平上，被认知的刑罚严厉性有着显著的威慑效果。[②] 门德斯等人认为，犯罪的威慑需要结合制裁的可能性和刑罚的严厉性，只有它们的结合才能产生实施犯罪行为的预期成本，刑罚的制裁可能性与严厉性都是必需的，刑罚的严厉性在刑罚威慑实现的过程中确实具有重要的作用，单独强调其中的一个方面是不可能实现刑罚威慑的。[③] 门德斯认为，刑罚威慑是在总体水平上考虑影响威慑效果的相关因素，只考察刑罚的预期成本就可以了，没有必要考虑潜在犯罪人个体的预期效用或他们的风险态度。利用对数线性模型考察刑罚威慑所获得的一个结论是，刑罚的严厉性的威慑效果相比于刑罚的确定性的效果来说，没有像以前的学者所说的那样差别很大。潜在犯罪人会在心理上结合刑罚的确定性和严厉性，而不管他们是风险喜好的、厌恶的，还是中立的。刑罚威慑理论的应用，应当将刑罚的确定性与严厉性置于同等重要的位置上。[④] 由于使用了较为科学的研究方法，刑罚严厉性也显示了较为显著的威慑效果，同时，强调只有刑罚确定性的认知处于较高水平的情况下，刑罚的严厉性才能出现威慑效果。这说明，只有刑罚确定性与严厉性相互结合，才能实现刑罚的威慑。既然刑罚严厉性也有显著的威慑效果，也说明潜在犯罪人的风险态度不见得是喜好的。

---

① Logan C. H.,"General Deterrent Effects of Imprisonment", *Social Forces*, Vol. 51. (Sep., 1972), p.64.

② Grasmick H.G., Bryjak G.J.,"The Deterrent Effect of Perceived Severity of Punishment", *Social Forces*, Vol.59, No.2.(1980), p.471.

③ Mendes S.M., McDonald M.D.,"Putting Severity of Punishment Back in the Deterrence Package", *Policy Studies Journal*, Vol.29, No.4.(2001), p.606.

④ Mendes S.M.,"Certainty, Severity, and Their Relative Deterrent Effects: Questioning the Implications of the Role of Risk in Criminal Deterrence Policy", *Policy Studies Journal*, Vol. 32, No. 1. (2004), pp.59-74.

刑罚的威慑水平取决于刑罚的制裁概率与刑罚强度,也就是刑罚的确定性与刑罚的严厉性。刑罚的制裁概率小于1,说明了实施犯罪行为的风险性。从理论上讲,研究潜在犯罪人的风险态度对刑罚威慑的实现有重要的意义。从贝卡里亚时代起,人们就预测刑罚的确定性比刑罚的严厉性有更大的威慑效果,间接确认了潜在犯罪人风险喜好的态度。从现有的研究看,潜在犯罪人的风险态度并不是很确定的,因为风险态度就是一种行为心理,跟人的个性密切相关,不同的人会有不同的个性心理,在总体上确认潜在犯罪人的风险态度特性是十分困难的。但是,对于某一类犯罪行为来讲,潜在犯罪人的心理可能具有一致性,可以确定潜在犯罪人的风险态度,而刑罚威慑策略大多情况下是针对某一类犯罪的。因此,确定某一类潜在犯罪人的风险态度也有实践的意义。在美国最终的环境犯罪制裁率是比较低的,但环境守法率却比较高,公司管理者的风险厌恶是一个很重要的原因。作为"白领"阶层,他们非常厌恶被投入监狱或被贴上"犯罪者"的标签。因此,即使制裁概率比较低,刑罚的存在也能够对潜在犯罪人产生较为理想的威慑效果,这有利于使刑罚的威慑成本达到最低。

二、边际威慑

边际威慑的概念是指刑罚要威慑那些更加有害的犯罪行为,这要求对更加有害犯罪行为的预期刑罚制裁要超过对较小危害犯罪行为的预期制裁。① 边际威慑最早是由刑事古典学派思想家提出来的,其基本的要点是,如果对轻罪的刑罚设置太高,罪犯将没有激励不去实施更为有害的犯罪。贝卡里亚认为,刑罚的残酷性使犯罪与刑罚之间不能保持实质的对应关系,一旦刑罚达到了人类器官和感觉的限度极点,对于更加有害和更凶残的犯罪,人们就找不出更重的刑罚作为相应的预防手段。② 边际威慑的目标是使刑罚能够诱导潜在

① Shavell S.,"A note on marginal deterrence",*International Review of Law and Economics*,Vol. 12,No.3.(1992),p.345.

② [意]贝卡里亚:《论犯罪与刑罚》,黄风译,中国法制出版社2002年版,第51页。

犯罪人在两项犯罪当中,总是选择危害性较小的那项。边沁认为,"若一个人必定犯某种类型的罪过,则下一个目的便是诱导他犯一项害处较小而非较大的罪过。换句话说,在两项俱将符合其意图的罪过当中,总是选择害处较小的那一项。如果一个人已立意要犯一项具体的罪过,那么下一个目的便是使他在实现他的意图所必需的罪过之外,倾向于不去犯更多的罪过。换句话说,使他在符合自己所期望的得益的限度内,尽少为害。"①"应当以这样的方式来调节惩罚,使之适合每项具体罪过,即对应于每一部分损害,都能有一项制约犯罪者造成这份损害的动机"②。边际威慑的思想是指人们不应该孤立地看待某一个犯罪行为。在很多情况下,行为人在思考是否实施犯罪行为时,他有多个非法行为供他选择。边际威慑认为,为某个特定的犯罪行为设定刑罚,不仅影响对该类犯罪的威慑效果,还将影响从事其他犯罪的激励。

刑罚威慑可以分为绝对威慑和相对威慑。绝对威慑是指当每一次潜在犯罪人考虑是否实施一个犯罪行为时,这个行为都被刑罚的威慑所吓阻或遏制,即所有的犯罪行为都被刑罚所威慑。相对威慑是指每一次潜在犯罪人考虑是否实施犯罪行为时,他总会选择实施较轻的犯罪行为,即较严重的犯罪被威慑而较轻的犯罪不被威慑。边际威慑和相对威慑的含义基本上是相同的。因为刑罚威慑存在高昂的成本,想威慑所有的犯罪是不可能的,刑罚的施加应当激励潜在犯罪人尽量去实施危害较小的犯罪,这就要求刑罚的施加能够使较轻犯罪的纯收益超过较重犯罪的纯收益。如果相反,即使对较重犯罪施加更加严厉的刑罚,潜在犯罪人也会选择去实施较重犯罪。在两种情况下要考虑边际威慑。

边际威慑是一般威慑理论的扩展,它的理论基础也是理性选择理论。潜在犯罪人进行犯罪决策时,要衡量边际犯罪收益与边际预期刑罚成本,当存在边际预期利润时,潜在犯罪人将实施犯罪。对边际威慑来说,当潜在犯罪人决策是否实施两个以上犯罪行为中的一个时,他会比较边际犯罪收益与边际预

---

① [英]边沁:《道德与立法原理导论》,时殷弘译,商务印书馆 2000 年版,第 224 页。

② [英]边沁:《道德与立法原理导论》,时殷弘译,商务印书馆 2000 年版,第 228 页。

期刑罚成本,会选择实施边际利润较大的那个行为。此时,刑罚的设定与施加要提供使潜在犯罪人选择较少危害犯罪行为的激励,即使较少危害犯罪行为的边际预期利润大于较重危害犯罪行为的边际预期利润。边际威慑的道理较为简单,但要实现边际威慑的效果可能相当的麻烦。要实现刑罚的边际威慑,法院施加刑罚的时候,不仅要考虑刑罚的效率问题,还要将对某一犯罪所施加的具体刑罚放在一个整体的背景中去考察,例如,在某一地区范围内或全国范围内。进一步讲,不仅要考虑某一犯罪的纵向刑罚的安排,还要考虑不同犯罪之间的刑罚安排。在同类犯罪当中,刑罚的施加要有利于潜在犯罪人选择较轻的犯罪,并且这一刑罚的施加在不同种类犯罪之间同样也有利于潜在犯罪人选择较轻种类的犯罪。边际威慑不是靠单个的刑罚施加实现的,而要求司法行政机关在整体背景下形成一个合理的、稳定的、具有通约性的量刑框架,使单个刑罚施加时能够据以判断是否处于合理的位置,而不会产生对其他犯罪选择可能的不利影响,其可能使潜在犯罪人转移选择本类犯罪的更加严重的犯罪,或转移选择其他种类更加严重的犯罪。例如,某甲实施一盗窃,预期获利60元和被处罚金50元,而一个更为严重的盗窃里,预期获利600元和被处刑罚500元,很显然,潜在犯罪人将会选择一个更为严重的盗窃。这与刑罚的社会成本最小化目标相背反。之所以潜在犯罪人会选择更为严重的犯罪行为,是因为不合理的刑罚施加扭曲了边际威慑,从而为潜在犯罪人提供了一种实施更加严重犯罪的激励。从前边例子可以看出,从轻到重犯罪行为被施加的刑罚是加重的,但犯罪利润是递增的,因此,潜在犯罪人会选择犯罪利润最大化的犯罪行为。

边际威慑效果的实现,在于刑罚安排要符合边际刑罚成本递增且边际刑罚成本大于边际犯罪收益的原则。图4-18描述了有效果的标准边际威慑。在图4-18中,MS是边际刑罚成本曲线,MG是边际犯罪收益曲线,它们都随犯罪严重程度的增加而增加,但MS曲线逐渐变得陡峭。这说明,犯罪越严重,所判决的刑罚越严厉。曲线MS与曲线MG相交于n点,与其相对应的横轴上的点为x^*。在n点以下,边际刑罚成本小于边际犯罪收益,犯罪利润有增加趋势，潜在犯罪人行为选择的趋势是趋向于 n 点。n 点以下的行为是没有被威慑的犯罪行为，由于刑罚威慑花费高昂的成本，存在一定范围内的没有被威慑的犯罪是有效率的。在 n 点以上，边际刑罚成本大于边际犯罪收益，犯罪利润有减少趋势，潜在犯罪人行为选择的趋势也是趋向于 n 点。因此，对于符合边际威慑原则的刑罚安排，有利于诱导潜在犯罪人放弃比 x^* 严重的犯罪行为。图 4-19 描述的是没有效果的边际威慑。在图 4-19 中，*MS* 是边际刑罚成本曲线，*MG* 是边际犯罪收益曲线，它们都随犯罪严重程度的增加而增加，但边际刑罚成本的增加赶不上边际犯罪收益的增加，使边际刑罚成本曲线处于边际犯罪收益曲线下方，也就是边际刑罚成本小于边际犯罪收益。曲线 *MS* 与曲线 *MG* 相交于 n、n^1、n^2点，与其相对应的横轴上的点分别为 x^*、x^1、x^2点。在 n 点以下，边际刑罚成本小于边际犯罪收益，犯罪利润有增加趋势，潜在犯罪人行为选择的趋势是趋向于 n 点。在 n 点以上至 n^1点间，边际刑罚成本大于边际犯罪收益，犯罪利润有减少趋势，潜在犯罪人行为选择的趋势也是趋向于 n 点。在 n^1点以上至 n^2点间，边际刑罚成本小于边际犯罪收益，犯罪利润有增加趋势，潜在犯罪人行为选择的趋势是趋向于 n^2点。由于刑罚安排不符合边际威慑原则，可能诱导潜在犯罪人实施 x^1与 x^2区间更为严重的犯罪行为，而不是实施比 x^1与 x^2区间更轻的犯罪行为。

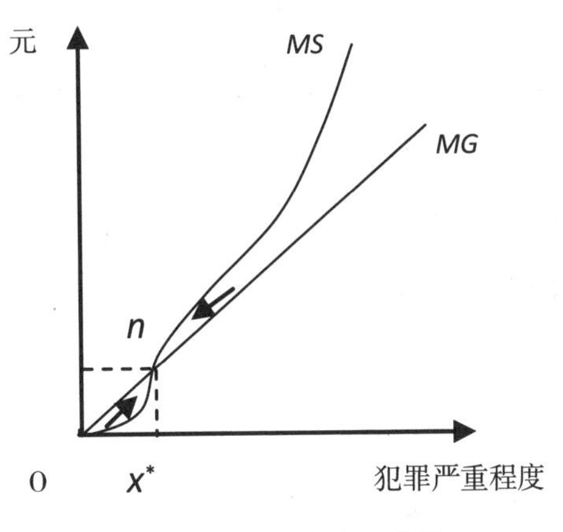

图 4-18　标准边际威慑

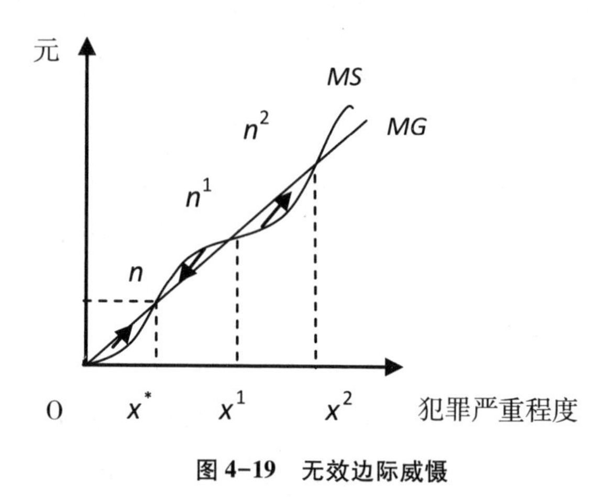

图 4-19　无效边际威慑

有时候,某类犯罪的刑罚安排的边际刑罚成本大于边际犯罪收益,但边际刑罚成本递增趋势不明显,也不利于边际威慑效果的实现。如图 4-20 所示,*MS* 是边际刑罚成本曲线,但非常平缓。*MG* 边际犯罪收益曲线,其斜率较大。这意味着,每增加一单位的犯罪严重程度,犯罪收益虽然总是少于刑罚成本,但犯罪收益的增长比率大于刑罚成本的增加比率。比较 x^1 和 x^2 两个不同严重程度的犯罪收益和成本可以看到,x^2 比 x^1 的犯罪成本大体增加了一倍(x^2 的成本为 $a+b+c+d$,x^1 的成本为 $a+c$),而 x^2 比 x^1 的犯罪收益大体增加了二倍(x^2 的收益为 $a+b$,x^1 的收益为 a)。如果潜在犯罪人是风险喜好的,该罪的制裁概率又比较低,潜在犯罪人很有可能选择实施较为严重的犯罪 x^2,而不是较轻的 x^1。"严厉刑罚的边际威慑将是非常小的或负面的,如果罪犯因为实施了一个较轻的伤害被处死,这里对谋杀犯就没有边际威慑了。边际成本对边际威慑是必要的,如果适当安排的刑罚被加倍或减半,犯小罪的边际威慑将被扭曲。"①

① Stigler, George J., "The optimum enforcement of laws", *Journal of political economy*, Vol.78, No.3.(1970), pp.526-536.

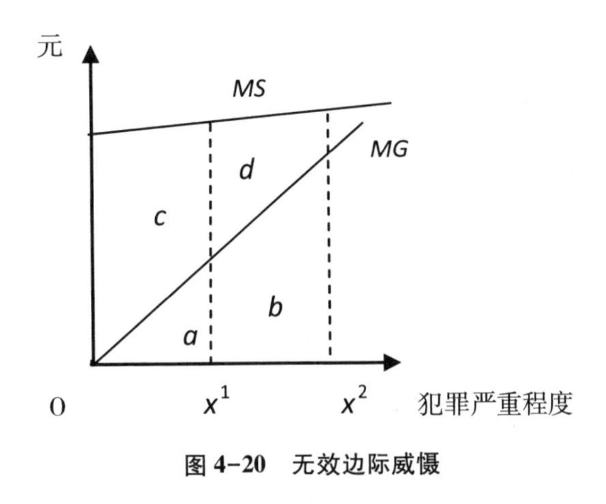

图 4-20　无效边际威慑

三、犯罪机会成本

经济学上的机会成本，是指将生产资料投入其他用途所产生的最大价值。犯罪的机会成本，是指将时间或其他资源投入合法活动中所产生的最大价值。犯罪的成本包括犯罪活动自身成本、机会成本和预期刑罚成本。其中，预期刑罚成本是主要的犯罪成本。因此，通过刑事政策改变潜在犯罪人的预期刑罚成本而影响犯罪活动选择，是最为主要的预防犯罪的措施。由于机会成本也是犯罪成本的一部分，犯罪决策也将受到机会成本的影响。如果增加犯罪活动的机会成本，从而相对降低犯罪活动的收益，即使保持刑罚威慑水平的不变，也可以降低犯罪率。因此，通过提高犯罪的机会成本而降低犯罪率，将成为犯罪预防刑事政策的一种重要补充。为了表明仅仅通过一定量的法律实施活动和刑罚的威慑还不足以控制犯罪活动水平，提及犯罪的其他成本也是可取的，其中之一就是犯罪机会成本。① 影响犯罪机会成本的主要因素，是指那些能够影响从事非犯罪活动收益情况的因素，主要包括教育水平、收入水平、收入不平等和失业等。

① ［美］波斯纳：《法律的经济分析》（上），蒋兆康译，中国大百科全书出版社 1997 年版，第 292 页。

教育水平。接受过高水平教育的人，往往有较高的合法预期收入或已经从事了收入水平较高的职业。对于接受过高水平教育的人，较高的预期或实际收入意味着较高的实施犯罪的机会成本，除非所从事的犯罪具有足够高的犯罪收益并且能够抵消较高的机会成本。一个人受到的教育越多，对自身的教育投资越多，其收入水平也基本上会越高，因此，一个人所受到的教育越多将使其犯罪的机会成本越高，从而抑制犯罪；对于受过高等教育的人而言，其时间价值更高，因而，对于同样水平的刑事监禁也会使他们有更高的机会成本，这也进一步抑制了犯罪。① 另外，高水平的教育也可能减少犯罪的成本。例如，提供一些机会使潜在犯罪人能够进入高回报的犯罪行业，或者潜在犯罪人可能具有较高的犯罪智商和能够使用高科技技术实施犯罪等，这会削弱高水平教育抑制犯罪的效果。但有一点可以确定，进入学校的学生人数越多，会大大减少潜在的青少年犯罪人用于实施犯罪的时间，从而有利于降低犯罪率。总之，提高教育水平和提高接受高水平教育的人口比例，可以提高犯罪的机会成本，从而使教育有预防、减少犯罪的效果。

收入水平。较高的合法收入水平，意味着较高的犯罪机会成本。这样，提高合法收入水平可以和较低的犯罪率相联系。合法收入水平跟劳动力市场的状况密切相关。当劳动力市场较为繁荣的时候，劳动力市场所提供的就业机会比较多，工资水平也比较高，这样从事合法工作的预期收入就会越高。这会促使人们将更多的时间或资源配置到合法的活动中去，从而有助于减少犯罪数量。但人们也应当注意到，繁荣的劳动力市场不仅提高合法收入水平，也可能提高犯罪的收入水平。虽然较高的合法收入有利于吸引更多的人去从事合法的工作而不是去犯罪，但在一定程度上，某一地区的较高收入也会产生大量的有利可图的犯罪目标，使犯罪的预期收益提高，这可能吸引更多的潜在犯罪人去实施犯罪，从而提高了高收入地区的犯罪率。有时，较高的收入水平也可

① 魏建：《法经济学：分析基础与分析范式》，人民出版社 2007 年版，第 139 页。

能是滋生其他犯罪的温床。如较高的收入水平提高了人们的消费能力，有些人可能会选择消费像毒品这样的非法物品，这形成了对毒品的需求，为毒品犯罪创造了非法收入的空间。人们可以看到，在一些经济发达地区，其犯罪率并不见得就低。从预防犯罪政策角度讲，社会可通过提高工资水平来提高犯罪的机会成本，能实现一定程度的预防犯罪效果，但同时要实施适宜的刑罚威慑措施，才能收到显著的预防犯罪的效果。

收入不平等。有些实证研究证明，收入的不平等对犯罪率的增加有显著的影响效果。[①] 较大的收入上的差别往往预示着社会财富分配的两极分化，并且贫穷的家庭往往存在恶性循环的趋势，因为越贫穷的家庭越缺少资源投入教育，只能从事一些低收入的行业。这意味着穷人从事合法活动的收入较低，他们实施犯罪的机会成本就低，预期犯罪净收益更高，一旦存在合适的犯罪机会，他们更容易被非法收入所吸引而实施犯罪。同时，较大的收入差别预示着犯罪对低收入群体来讲是一种相对较高回报的行为，因为他们可以从富人那里发现更多的值得非法获取的财富和物品。收入分配上的不平等对穷人所实施的犯罪活动，是一种经济上的激励因素。

失业。失业意味着失去了就业的机会，降低了合法的收入，也降低了犯罪的机会成本，可能会促使失业者更容易走上犯罪的道路。多数的有关失业与犯罪关系的研究发现，较高的失业率与较高的犯罪水平相关联。犯罪率较显著地取决于无技术工人的工资水平和失业率。研究表明，高失业率是导致财产和暴力犯罪增长的重要因素。失业率与犯罪率之间的关系说明，改善就业前景是预防、减少犯罪较有影响力的工具。

这里还有其他的影响犯罪机会成本的因素，如人口结构、城市化水平、通货膨胀等。如果某一地区的人口结构中青少年的比例较高，而青少年的收入水平较低甚至没有任何收入，他们的犯罪成本就较低，可能提高犯罪率。城市

---

① Fajnzylber P., Lederman D., Loayza N., "Inequality and Violent Crime", *Journal of Law and Economics*, Vol.45, No.1. (Apr., 2002), p.25.

化水平使收入结构失衡和通货膨胀都可能降低低收入者的收入,从而降低这些人的犯罪机会成本,也可能提高犯罪率。影响犯罪机会成本的因素并不是单一地在起作用,而是这些因素相互影响,共同地导致犯罪率的变化。就业市场的恶化,最先受到影响的是那些低教育水平、无技术的工人和贫困的家庭,他们的收入对总体收入水平的降低更加敏感,对他们来讲,犯罪机会成本的相对降低幅度会更大。

四、破产或就业机会的限制

按照最优刑罚模型,在制裁率比较低的情况下,要提高刑罚的强度。刑罚强度的提高,有可能引起的一个现实问题是影响经济发展。如果罚金太高,以至于超过了企业的净资产,可能引起企业破产,而就业机会的减少,又会导致整个社会福利的下降。即使没有引起企业破产,过高的罚金,也会影响到企业的竞争力。为什么在环境犯罪蔓延、需要强化刑罚威慑的情况下,环境犯罪制裁率还是这么低?上述的原因不无影响。在未来,环境犯罪处罚增多时,破产问题是刑罚优化选择不能回避的问题。刑罚强加所引起的破产实质上是刑罚众多的负效用之一,是刑罚社会成本的一部分,但我们不能因为这种经济上的负效用,而放弃环境刑罚的有效实施,而应该把它放入环境刑法实施成本与收益的总体框架中,通过经济分析,寻求社会效用最大化下的刑事制裁。在破产或企业财产有限的情况下,刑罚应该更多地选择非财产刑,这样可弥补财产刑威慑的不足。① 如果非财产刑受到限制,政府和司法机关应该采取非刑罚的替代措施,例如,与环境企业合作、违法自我报告或者对环境企业进行分类管

① 波斯纳认为,在经济犯罪情况下,高额的罚款比昂贵的监禁刑有更好的威慑效果。同时避免了制裁过程和制裁结果所造成的巨大的社会成本。See, Posner, R., "Optimal sentences for white collar criminals", *American Criminal Law Review*, Vol.17.(1980), pp.409-418.萨维尔反对这种观点,认为只有当潜在的犯罪者有足够的财产支付罚款时,罚款才能产生威慑效果。See, Shavell, S., "Criminal law and the optimal use of non-monetary sanctions as a deterrent", *The American Economic Review*, Vol.77, No.4.(1987), pp.584-592.

理,在不降低威慑效果的情况下,降低刑罚的社会负效用。①

波斯纳认为,破产问题引起罚金实施成本随着罚金的数额大小而改变。破产问题有时很严峻,以至于罚金成本被禁止,即使在制裁率为100%,罚金数额较小的时候也如此。这也说明了为什么在今天,人们更多地依赖非财产刑。分期付款也不能解决这一问题,因为,这会减少行为人从合法行为获得的纯收入,从而增强了他们返回犯罪生活的愿望。②

第六节　环境法实施效率规范性分析的启示

环境法实施效率规范性分析,展示了有效率的环境法实施判断的标准和实现的条件。当然,现实生活中实现理想的有效率环境法实施可能相当困难,正如经济效率的实现,虽然经济效率的概念较为明确,但在统计意义上要实现经济效率,还是相当困难的。也许,人们应当关注的不是实现理想的环境法实施效率,而是环境法实施效率实现的过程。在限定条件下,阶段性的、局部的环境法实施效率是可以实现的。在环境法实施政策和策略的制定、实施过程中,相关部门要有效率或成本最小化的理念,要有成本意识,要使用成本收益分析工具分析问题,这样可以更好地实现环境法保护和改善生态环境的目的。环境法实施效率规范性分析,至少说明了有效率地减少、预防环境违法犯罪的判断标准和实现的基本条件和路径,即实现成本的最小化。具体说,环境法实施效率规范性分析对环境法实施的启示如下:

---

① Mark A. Cohen, "Monitoring and Enforcement of Environmental Policy", *International Yearbook of Environmental and Resource Economics*, Volume III, Tom, Tietenberg and Henk, Folmer (eds.), Williston: Edward Elgar publishers, (1999), p.17.

② Posner, R.A., "An Economic Theory of the Criminal Law", *Columbia Law Review*, Vol.85, No.6.(1985), p.1208.

一、重视环境法实施的效率、成本

建议环境执法、司法部门,例如,生态环境职能部门,涉及环境法实施的公安部门、检察院、法院,明确树立效率理念、成本意识,重视成本与收益的经济分析工具的使用。在执法、司法过程中,制定环境法实施的相关政策、策略,或作出具体处罚裁决、判决时,能够贯彻效率的原则,以最小化的成本,最大限度地减少、预防环境违法犯罪行为。

二、重视环境法实施成本核算

建议统计部门、环境执法司法部门,就环境法实施涉及的环境违法犯罪损害成本与环境违法犯罪控制成本进行系统的会计核算。环境法实施效率的理论较为简单,环境法实施效率实现的关键问题是相关成本核算,有了准确的成本数据,成本分析以及成本最小化的追求就有了基本基础。当然,环境法实施相关成本的核算是一个复杂、庞大的任务,需要专业的部门、人员进行这一工作。对于环境法实施成本核算的建议如下:一是要建立独立会计核算部门进行环境违法犯罪损害成本与环境违法犯罪控制成本核算;二是对环境行政执法与环境刑事司法分部门进行核算;三是对不同环境领域内或不同种类的环境违法犯罪行为进行会计核算;四是要分不同地区进行会计核算,以此为环境法实施政策和策略的制定提供准确的成本数据。

三、重视环境法实施的有效性

环境法实施的目的主要是促使潜在行为人做出适法行为,从另一个角度来说,就是要抑制潜在行为人实施环境违法犯罪行为。在环境污染日趋严峻的形势下,每一个普通的公民都较为清楚,污染环境的行为是有害于社会的行为。在清楚环境污染行为的性质和后果的情况下,有些自然人和企业还去实施环境违法犯罪行为,其基本的动因是逐利性的。要使环境法的实施能够有效地抑制环境违法犯罪行为,必须使潜在行为人的预期环境违法犯罪成本超过环境违法犯罪所得。环境相关部门要保证环境法实施的有效性，应重视以下两点：①要对环境违法犯罪所得进行评估，对环境违法犯罪的处罚不能低于环境违法犯罪所得。②要对环境违法犯罪的处罚概率进行评估，并在处罚决定时考虑处罚概率问题。忽视处罚概率问题，会导致对环境违法犯罪处罚不足，影响环境法实施的有效性。

四、重视环境法实施成本的边际分析

环境法实施效率的判断标准，是环境违法犯罪的边际危害成本和边际处罚威慑成本相等。环境法实施成本的边际分析，为环境法实施效率提供了依据。在现实生活中，人们有较少机会观察到环境法实施效率的理想状态。在这方面，环境法实施成本的边际分析并没有太多的现实意义。但是，从一个追求效率的过程角度讲，环境法实施成本的边际分析具有重要意义，能为环境法实施政策和策略的选择提供依据。如图 4-21 所示，当观察到 $q1$ 至 $q2$ 区间，$MD>MC$，且 $q1$ 至 $q2$ 区间的 MD 的斜率大于 MC 的斜率。这说明，在 $q1$ 至 $q2$ 区间，每增加一个单位的处罚威慑成本能够带来显著的边际危害成本的减少，显示环境法实施具有良好的效果。

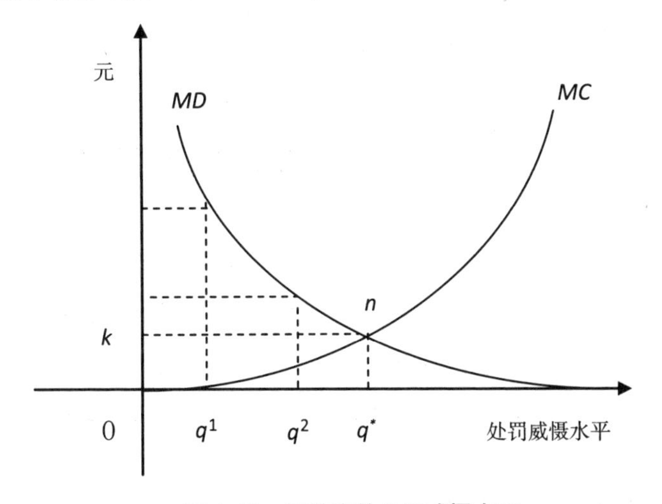

图 4-21　有效率的处罚威慑水平

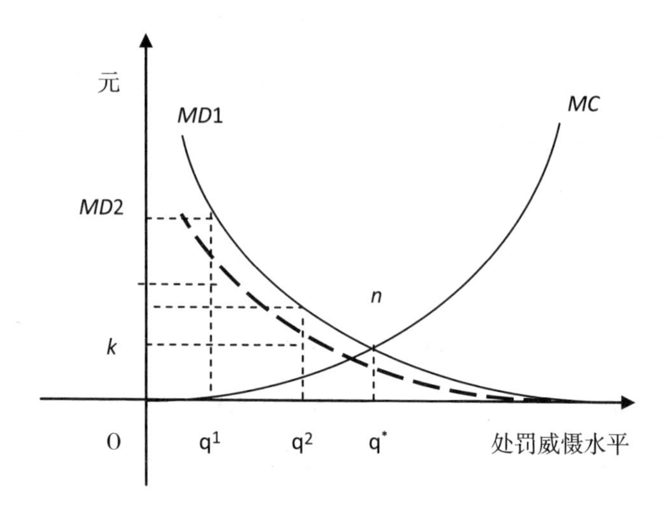

图 4-22　有效率的处罚威慑水平

边际分析也可以用来确定执法、司法资源在不同种类、不同领域环境法实施间的分配和比较,例如,将更多资源投入环境行政法实施呢,还是环境刑法的实施;将更多资源投入大气污染治理呢,还是水污染治理。如图 4-22 所示,假如 *MD*1 代表大气污染损害成本,*MD*2 代表水污染损害成本,在 *q*1 至 *q*2 区间,*MD*1>*MD*2(粗虚线)。这说明,在 *q*1 至 *q*2 区间,每增加一个单位的处罚威慑成本能够带来更多的大气污染边际危害成本的减少。这显示,应当把更多的执法、司法资源投入大气污染领域。

第七节　刑罚威慑过程与量刑的经济学规则①

当前,学术界对于刑罚如何实现预防犯罪目的的研究,大体上局限于一种价值分析或规范分析,即刑罚威慑"应该是"什么样的研究,其特点在于侧重分析一种刑罚威慑的理论是否符合刑法学内在的逻辑,并以此判断是否具有正当性。刑罚威慑的研究不仅要注重价值的分析或规范的分析,还要引入经

① 本部分内容曾发表于《学术界》2012 年第 9 期。

验的或实证的分析，即关注刑罚威慑事实上"是"怎样的以及结果上是否有效。"科学所要求的是，理论要符合观察，要符合'事实'，而不是相反。"①理论的真实性、科学性，应当建立在现象的普遍性基础之上。因此，法律分析应关注公众的法律经验，关注大多数人的日常法律实践和法律行为、特征、规律和渐进过程。② 刑罚威慑研究关注经验事实的重要性，还在于刑罚裁决是否合目的性要依赖刑罚威慑效果的检验，而不仅仅是来自符合逻辑的理论推演或价值判断。有的学者建议，在刑罚威慑问题上当我们无法跳出既成结论和一些学科自身特点的束缚时，不妨借鉴"还原论"的思维方法：一方面，将刑罚威慑这一宏观的社会现象还原为具体的运动过程，并将这一过程分解，在刑罚威慑的系统内和系统外把握其宏观运行规律；另一方面，将刑罚威慑这一刑法学的传统问题还原为其他学科的视角，借助其他学科的优势解析这些规律。③刑罚威慑的理论研究确实需要研究范式的转换，包括研究方法、路径和视角的转换，否则，理论研究就会陷入一种闭塞或停滞。波斯纳认为，(理论)进步并不仅仅来自在既定的参照系中耐心地积攒知识，进步还来自参照系的变更，来自视角的变更，这种变更会开辟一些新的、通向智识和洞见的路径。④ 本书以实证分析为方法，解析了刑罚威慑的过程，展现了刑罚威慑在实践层面上的诸多普遍性事实，揭示了刑罚威慑理论和量刑因不符合事实而可能存在的问题，然后从法律经济学的视角，提出了量刑的经济学规则，提供了一种解决问题、提高量刑科学性和增强刑罚效果的方法或路径。

一、刑罚威慑的过程

刑罚威慑过程考察的目的，在于获得一些现象或事实。这些现象或事实

---

① ［美］波斯纳：《超越法律》，苏力译，中国政法大学出版社 2001 年版，第 9 页。
② 白建军：《论法律实证分析》，《中国法学》2000 年第 4 期。
③ 王志强：《刑罚威慑的预防犯罪效应探析》，《中国人民公安大学学报》2004 年第 4 期。
④ ［美］波斯纳：《超越法律》，苏力译，中国政法大学出版社 2001 年版，第 7 页。

是有关于刑罚是如何作用于人的行为的,或者怎样才能使刑罚更有效地威慑犯罪。因为,理论的科学性在于符合普遍意义的事实,考察这些现象或事实是极为重要的。刑罚威慑理论的合理性要建立于这些事实之上,刑罚裁决的合目的性也来自符合这些事实。考察一种理论是否符合事实,就是“把一定实体理论还原到一定思维起点的背景中进行前提性考察,从中沉淀出那些由它所出发而又未言明的前提性理论,从而获得对实体理论的更深刻理解”。[①] 刑罚威慑过程考察的目的,还在于揭示刑罚威慑理论和量刑实践可能存在的问题或障碍,并为解决问题或清除障碍确定方向。

刑罚威慑的目的在于预防犯罪,即通过清晰可辨的刑罚的施加,制止罪犯再一次实施犯罪和社会上潜在的犯罪人实施同样的犯罪。刑罚威慑可视为二类人之间的控制与被控制的系统,一类人是法官(在此省略与立法威慑和行刑威慑相关的立法者和监管人员),另一类人是罪犯和潜在的犯罪人。刑罚威慑的过程是,法官的判决形成刑罚信息,这些刑罚信息被罪犯和潜在的犯罪人这些威慑对象所接收,成为影响犯罪行为选择(包括犯罪)的重要因素,然后刑罚的威慑效果反馈至法官,法官再根据刑罚的威慑效果调整原有的刑罚策略。刑罚威慑过程是刑罚裁决与被威慑对象行为选择之间的双向互动过程。最佳的刑罚威慑效果并不是在一次刑罚威慑过程中获得的,它是在法院刑罚裁量与威慑对象行为选择不断互动、调适的过程中获得的,而且这种互动、调适永远不会停止。在这个过程中,有四个可观察的环环相扣的环节:法官根据合目的性的刑罚策略进行刑罚裁决;刑罚信息传递到威慑对象并被威慑对象所接收;威慑对象受刑罚信息的影响而进行行为选择;法官获得刑罚效果反馈信息并对先前刑罚策略进行调整。其中,威慑对象的行为选择是最为重要的环节,它是刑罚威慑过程的核心,刑罚的效果最终取决于原有的刑罚裁量是否对威慑对象的行为选择施加了有效的影响。其他三个环节同样重要,

---

① 白建军:《控制社会控制》,《中外法学》2000 年第 2 期。

如果威慑对象无法或不能充分接收到刑罚信息,意味着刑罚不能对威慑对象的行为选择产生影响或影响减弱,刑罚的有效性降低。如果法官不能接收到刑罚效果反馈信息,刑罚策略的调整就会失去方向,法官事先对刑罚的预测也不能受到刑罚效果的检验,人们就无法寻求到最有效威慑犯罪的刑罚。当然,如果法官不真正了解什么样的刑罚才能产生威慑效果,有时输出的刑罚信息即使完全被接收,也不会影响威慑对象的行为选择,最终刑罚也不会产生预期的效果。与刑罚威慑过程相对应,事实的考察应当关注以下几个问题:威慑对象如何受刑罚信息的影响而进行行为选择?威慑对象是否能收集到刑罚信息或者收集到的信息是否充分?法官是否能接收到刑罚反馈信息并依据反馈信息调整刑罚策略?法官是否清楚什么样的刑罚才能抑制犯罪行为选择?

威慑对象如何受刑罚信息的影响而进行行为选择,是刑罚理论的基本事实前提,因为法律是行为规范,是调整人类行为的。威慑对象如何受刑罚信息的影响而进行行为选择,反映的是人类与刑罚相关的行为规律。对威慑对象行为选择的科学研究,就是要使威慑对象行为选择符合在经验研究的基础上获得的普遍意义的人类行为事实。

现代人都具有相对发达的思维,他们之间的相互作用和影响主要是依靠信息交流,通过信息实现控制。通过传递的信息可以改变人的知识状态,从而影响人的意志自由的抉择。[①] 刑罚与威慑对象之间同样是通过信息的交流而相互作用或影响的,法院也通过信息传递实现对威慑对象的行为控制。刑罚裁判作为刑罚信息通过一定的途径传递到威慑对象,改变了威慑对象头脑中据以作出判断的知识结构,从而影响了被威慑对象的行为选择或犯罪决策。威慑对象是如何通过所接收的信息进行行为选择的呢?一般意义上来讲,个体进行行为选择是围绕一个"当前事件",筛选新收集到的信息和原先已有的背景信息,先列举各种可能的行为选择事项,再给它们赋予相应的选择价值,

① 钟学富:《物理社会学》,中国社会科学出版社 2002 年版,第 337 页。

然后根据选择价值决定实施选择价值最大——利益最高的行为。[1] 这构成一个标准的行为选择模型。这里应当注意到，个体根据信息进行行为选择的前提是行为人是理性的。这里的理性是指手段/目的理性，即手段符合目的。人总是以自我目的为准则进行理性考虑，并谋求以最有利的手段实现自我目的或使自我目的实现最大化。当然，这里的理性并不包含是非、对错的判断。人是理性的，是一个具有普遍意义的事实。尽管这是一个假设，但被众多的社会科学学科（心理学、社会学、经济学等）研究所证实并视为这些学科的理论前提。当然，一些研究人类的非理性的分支学科削弱了人类是理性的假设，但还没有发展到完全推翻它的程度。

"人们总是理性地最大化其满足度，一切人在他们的一切涉及选择的活动中均如此。"[2]这里一切涉及行为选择的活动，也包括犯罪活动。一个潜在的犯罪人，他的行为决策过程可分为两个阶段。第一，一个潜在犯罪人，会围绕是否进行犯罪进行信息收集，然后对新收集到的信息和原有的背景信息进行筛选，剔除与犯罪事件无关的信息。剩余的信息可能包括所有的与犯罪有关的信息，例如，犯何罪，犯罪是否可行，犯罪的收益与满足，犯罪的花费，犯罪所受到的处罚，犯罪的机会成本（可替代犯罪的劳动机会等）等。因为信息收集需要耗费时间与精力，潜在犯罪人收集信息会遵循经济规律。第二，根据现有的信息，一个潜在的犯罪人会列举可能的各种犯罪或不犯罪的选择事项，并根据合目的的程度，赋予它们不同的选择价值，并对它们进行排序，然后决定实施选择价值最大的行为。行为人赋予行为选择的价值并不必须要进行精确的计算，有时只是进行模糊的估算，这也不妨碍决策，因为行为人所要做的是按价值最大化进行选择。行为人也可能有众多的选择事项，但行为人从中做出选择也并不困难，行为人可能按照根本的目的或当下重要的目的进行选择，

---

① 钟学富：《物理社会学》，中国社会科学出版社 2002 年版，第 62—74 页。
② ［美］波斯纳：《法理学问题》，苏力译，中国政法大学出版社 2001 年版，第 442 页。

这还是属于理性选择的范围。行为人对选择事项进行价值估量时，还要考虑选择事项实现的可能性，选择赋值与事项实现的可能性成正比，即事项实现的可能性越小，选择赋值越小。

在刑罚威慑过程中，威慑对象的行为选择是一种心理事实，其在于人是一种理性的动物。决定威慑对象选择什么行为，不是这种心理事实，而是影响选择事项价值的诸如刑罚、工作收入等这些外在因素。如果刑罚不能产生效果，有问题的不会是行为选择心理，而是法院判决给予的刑罚或刑罚信息传递出现了问题。法院判决给予什么样的刑罚能够产生威慑效果？根据犯罪行为选择模型，判决给予的刑罚必须能够降低犯罪选择事项的价值，并且犯罪选择事项价值的降低足以降低犯罪选择事项在所有选择事项中的序位，这样才能促使行为人选择其他事项，从而抑制犯罪的选择。对于法院判决给予什么样的刑罚能够产生威慑效果，前人也进行了很多经验性描述。“只要刑罚的恶果大于犯罪所带来的好处，刑罚就可以收到它的效果。这种大于好处的恶果中应该包含的，一是刑罚的坚定性，二是犯罪既得利益的丧失。”[①]“惩罚之值在任何情况下，皆须不小于足以超过罪过收益之值。如果小于，那么罪过肯定会犯下，即使有惩罚也罢：整个惩罚将付之东流，全然无效。”[②]边沁还认为，惩罚应当随犯罪收益的增加成比例地增长。[③] 这些描述在17、18世纪都可能被认为是有道理的，即使在今天，很多人包括法官还是这样认识的。但应当指出，在经济学视角下，这些道理虽然精致，但不完全符合普遍意义的事实。如果法院按照这样的原则去判决刑罚，可能不会产生预期的威慑效果。

在刑罚威慑过程中，如果刑罚信息传递出现了问题，即使刑罚判决是正确的，其也未必会产生预期的威慑效果。下面，就刑罚信息传递有关问题加以考察。

---

① ［意］贝卡里亚：《论犯罪与刑罚》，黄风译，中国法制出版社2002年版，第50页。
② ［英］边沁：《道德与立法原理导论》，时殷弘译，商务印书馆2000年版，第225—226页。
③ ［英］边沁：《道德与立法原理导论》，时殷弘译，商务印书馆2000年版，第225页。

二、刑罚信息传递的困境

刑罚能够产生威慑效果的另一个前提,是潜在犯罪人能够对刑罚相关信息有认知。如果刑罚不为人知或者无法为人所知,刑罚同样难以产生较好的威慑效果。"许多研究的结论都认为威慑之所以不发生作用,就在于对法律的威慑方面缺乏了解或者根本没有感性认识。"①"法律作为一种行为指南,如果不为人知而且也无法为人所知,那么就会成为一纸空话"②。潜在犯罪人对刑罚的认知,不仅仅是对刑事实体法的认知,更重要的是要对法院的判决形成一个较为明确的认识。"刑罚抑制犯罪的能力基于潜在的违法者了解法律和刑事司法制度的假设。法律的存在或者一个处罚的实际执行只会对那些能够意识到对他们自己会产生风险的人发生影响。对任何忽视法律的人不可能由于法律的存在而抑制违法行为的发生。如果不知道因违法会受到逮捕和处罚,就不会产生威慑的作用。"③

刑罚威慑犯罪的机制是,法院的审判信息,通过一定的途径传递给潜在犯罪人,改变了潜在犯罪人的知识结构,也改变了选择赋值。刑罚减小了选择赋值,会使行为人预期通过犯罪手段实现目的变得困难,甚至不可能,行为人会转而选择其他行为,从而实现预防犯罪的效果。在这一机制中,信息的传递将起着关键的作用。如果刑罚不能威慑潜在的犯罪人,问题最有可能出现在刑罚信息传递环节,这也是至今被忽视的一个问题。比如,信息传递中断或信息传递不充分,潜在犯罪人不能获得任何有关刑罚信息或获得了不确定的刑罚信息,此时,刑罚裁判的威慑效果将降低甚至消失。再比如,信息传递错误,这

① [美]史蒂文·拉布:《美国犯罪预防的理论实践与评价》,张国昭等译,中国人民公安大学出版社1993年版,第91页。

② [美]博登海默:《法理学:法律哲学与法律方法》,邓正来译,中国政法大学出版社1998年版,第326页。

③ [美]史蒂文·拉布:《美国犯罪预防的理论实践与评价》,张国昭等译,中国人民公安大学出版社1993年版,第98页。

可能不当地增加或减少了刑罚的威慑作用，结果都与预设的刑罚威慑效果相背离。人们还应关注的一个重要事实是，信息也是有成本的，有时，这种成本还相当高昂。信息收集成本，会影响信息收集行为的选择。信息收集行为的选择会影响信息的质量，从而会影响行为选择。“人们会给自己的机遇排序，并选择最佳机遇；但辨认机遇的费用会限制这种排序的规模，因此，有时一个人会作出在交易费用为零时可能作出的不同选择。”①辨认机遇是需要信息的，而信息的收集需要成本。当信息成本高昂时，人们会放弃信息收集。当刑罚信息成本高昂时，人们也会放弃收集这种信息。如果刑罚信息成本为零，行为人会无成本获得刑罚信息并依据它辨认选择事项；如果刑罚信息成本高昂，行为人会放弃收集刑罚信息，这意味着刑罚的威慑作用会消失或者不能发挥其应有的作用。不仅信息成本会影响信息收集，信息的不确定性也会影响信息的收集。“当不确定性非常普遍，人们也许会回过头来依靠简单的经验估计，这隐含的是，当没有规则可循之际，不考虑有关选项的信息反而最佳，甚至会有这样的可能，即不确定性的增加会使人们在决策过程中减少信息接纳，因为更不可靠的信息也许会引发更大的不确定性。”②如果行为人依据自己简单的经验进行选择价值评估，刑罚的威慑作用就会失真。在此，可以推断，高昂的刑罚信息成本和刑罚信息的不确定性，可能在较大程度上影响刑罚威慑的效果。

就现实中的刑罚信息传递来讲，威慑对象获取刑罚信息还是较为困难的，或者说面临着高昂的信息成本。在现代信息社会，信息传播途径比较多，信息传递的中断是不可能的，但有效刑罚信息的传递却非常不充分。社会大众从普通媒介所可能接触到的刑罚信息大多是具有新闻价值的信息，这样的信息不见得是能有效影响潜在犯罪人行为选择的信息。对具体的潜在犯罪人来讲，能对其产生影响的信息是一些较为具体的、确定的刑罚信息。这些刑罚信息，需要与他们的选择事项相对应或匹配。例如，对潜在盗窃分子来讲，其目

① ［美］波斯纳：《超越法律》，苏力译，中国政法大学出版社2001年版，第507页。
② ［美］波斯纳：《超越法律》，苏力译，中国政法大学出版社2001年版，第507页。

的是获得财物，事前他可能在是盗窃还是工作之间进行选择。行为人对工作获得的报酬信息获得较易，但他往往很难知道盗窃 2000 元所对应的刑罚是多少。即使潜在犯罪人能够获得一些刑罚信息，如果这个信息与将要进行的选择事项不对应，行为人很难通过一定的推理获得相对应的信息。

威慑对象获得刑罚信息最大困难，还来自法院没有一个清晰可辨的、稳定的、连续的量刑策略。可能有的人会回答，罪刑法定原则、罪罚均衡原则以及刑法的规定就是一种刑罚策略，或者刑罚的必然性、及时性和公正性就是一种刑罚策略。这些话语本身没有错，但它们太抽象了，不大可能为威慑对象的行为选择提供什么有用的信息。长期以来，人民法院对个案的量刑过程通常就是一个"综合估量式"的量刑流程，即审判人员在定罪以后，参考法定刑幅度和类似已处理案件的量刑经验，大致估量出该案的基础刑期，再结合本案中的法定、酌定情节，综合估算出一个刑期。① 这种"综合估量式"的量刑流程，很难形成一个在时间上具有连续性和在地域空间上具有统一性的量刑标准。如果法官有一些成型的量刑标准的话，也是来自法官的审判经验包括间接经验和直接经验，间接的经验来自对除本人所判决案件以外的所有历史刑事案件的参照，这些案件包括本院的和其他各级法院的历史案件。由于法官的信息处理能力总是有限的，即使每一个法官能够获得所有的上级以及其他各级法院的历史判决的完全信息，然而能对这些信息进行处理，并能够抽取一个大家公认的、较为一致的量刑标准是非常困难的。直接的经验来自法官本人所判决的案件。无论是间接的或直接的经验，法官基于个人的经验所形成的判决思路或方法，都不可避免地受到个人主观性因素的影响。这些因素可能包括在个人独特的成长环境中所形成的个人的思维模式、价值取向以及好恶。因此，基于这种经验的量刑方法，要形成一种稳定的、连贯的、一致的和可预测的量刑标准，基本上是不可能的。如果法院没有一个清晰可辨的、稳定的、连续

① 高格：《犯罪与刑罚》（上卷），中国方正出版社 1999 年版，第 247 页。

的量刑策略，威慑对象要获得一种较确定的刑罚信息，就可能太困难了。如果想使威慑对象通过自己的归纳，获得一种适用于个案的较为确定的刑罚信息，这同样是不可能的。不仅普通的人没有这种能力，即使有信息，成本也非常高昂。在量刑不均衡的时代，即使潜在犯罪人知道了某法院的某法官的某个具体判决，他也不能保证同法院的另一个法官或其他法院的法官会作出相同的判决。总之，法院同潜在犯罪人之间能够准确传递刑罚信息或传递有用的刑罚信息太难了，即使在现代信息社会也是不大可能办到的。信息传递的困难，也预示了获得有用刑罚信息需要付出高昂的成本，这制约了潜在犯罪人去收集刑罚信息，从而影响刑罚的威慑效果。要解决这一问题，很显然，就要降低刑罚信息成本，提高刑罚信息的确定性。

在刑罚威慑过程中，法官是否能够获得刑罚反馈信息并依据反馈信息调整刑罚策略同样很重要。刑罚具有最佳的威慑效果并不是在一次刑罚威慑过程中完成的，它是在法院刑罚裁决根据反馈的刑罚威慑效果不断互动、调适的过程中获得的。“作为正式社会控制的一种主要形式，法律影响社会的过程中充满着双向的互动。最有效的法律是不断根据法律运作的实际效果调整自身的法律，而不是僵化的价值准则和规范宣言。”①“互动是个动态的过程，不间断的调整、试错、再调整、再试错，使各种形式的法律信息往返于主体之间，使法律现象的规律得以显现自己，也使法律根据信息反馈得到不断的完善。”②最佳刑罚威慑效果，是在法院刑罚裁决与威慑对象行为选择之间，通过不间断地调整、试错、再调整、再试错而获得的。这种调整、试错，首先要以法官能够获得刑罚效果反馈信息为前提，再一个重要的前提是法院的刑罚裁决能够被调整。刑罚效果是指一定时间和地域范围内，刑罚对犯罪数量或犯罪率的影响。如果犯罪数量或犯罪率降低，可能预示刑罚是有效的，相反则可能预示刑罚无效。法官不能依据个人甚至某个人对效果的经验感受来作出刑罚效果

① 白建军：《论法律实证分析》，《中国法学》2000 年第 4 期。
② 白建军：《论法律实证分析》，《中国法学》2000 年第 4 期。

判断并用来指引判决,因为这种结果并不具有真实性和客观性。真实和客观的刑罚效果,需要依赖大量的对刑罚效果事实的实证研究。辨别对犯罪数量或犯罪率产生影响的是刑罚呢,还是其他原因?刑罚影响的程度如何?相对来说,法官可以较容易地获得某一地区特定时间内的犯罪数量或犯罪率变化信息,可大体估计刑罚威慑效果。法官获得刑罚效果,是为了调整既定刑罚策略。现在的问题是,人民法院的量刑多是"综合估量式"式的。这种量刑都是以法官个人的、分散的量刑经验为基础,除了法律的规定和抽象的量刑原则以外,整个法院系统并没有形成对某一类犯罪稳定的、一致的量刑政策或策略。在这种情况下,即使法院清楚刑罚威慑不足或过度,法院也不能调整量刑,因为法院无法知道这样的刑罚效果是由哪个法院或哪个法官的判决形成的。法院也不清楚要调整什么,因为先前就不存在一个稳定的、一致的做法。要想使刑罚裁判能够依据刑罚效果进行调整,法院必须形成对某一类犯罪稳定的、一致的量刑政策或策略,必须在裁量的刑罚与刑罚效果之间建立稳定的对应关系,法官要清楚刑罚的效果是先前哪个刑罚或哪种刑罚的策略所产生的,这样才能正确地根据刑罚效果对量刑轻重进行调整。当然,在全国范围内就某一类犯罪建立一种稳定的、一致的量刑策略,并且这种策略还要能随着刑罚效果的不同而调整,并不是一件容易的事情。但是,我们将可以看到量刑经济学规则有助于做到这一点。

三、量刑的经济学规则

近几十年来,法律经济学在美国获得极大的发展,对我国学者来讲,它也并不陌生。法律经济学为解析法律问题提供了法律体系外的视角,显示较强的理论解释力。"既能解说司法决定,又能将之置于某个客观的基础之上,在近年来追求系统阐述这样一个首要的司法正义概念的努力中,最为雄心勃勃并可能最有影响的就是"法律与经济学"交叉学科。"①法律经济学之所以发

---

① [美]波斯纳:《法理学问题》,苏力译,中国政法大学出版社 2001 年版,第 441 页。

展迅猛,也是因为经济学是最接近于"科学"的社会科学,有关法律的理论立基于经过检验的经济学假设之上,可以省略所必需的实证检验步骤。伴随着法律经济学的发展,刑法经济学或犯罪经济学也成为一个成熟的学科分支。刑法经济学的目的在于理解人类的犯罪行为,并为这种理解提供了具有深刻洞察力的工具。像法律经济学一样,犯罪经济学"所要做的只是,构建并验证一些人类行为的模型,目的在于预测和(在恰当的时候)控制这种行为"[①]。简洁的刑法行为模型,也为人们回答"什么样的刑罚会产生有效的威慑效果"这样的问题提供了工具。量刑的经济学规则以刑法行为模型为基础,其可以分为乘法规则和除法规则。

量刑经济学规则的理论演绎的前提是理性选择理论,该理论也是现代经济学理论的基石。理性选择理论也得到大量实证研究结果的支持,至少在今天理性选择理论的科学性还是站得住脚的。尽管理性选择理论受到了众多的质疑,如行为经济学提出了许多与理性选择理论不一致的"反常现象",即行为人具有有限理性、有限意志力和有限自利。但这些"反常现象",并没有从根本上动摇理性选择理论的科学性。波斯纳认为,即使市场中绝大多数个体购买者是非理性的,一个市场也许还是会理性运作。非理性购买的决定有可能是随机的,但会相互抵消,剩下的平均化的市场行为就由少数理性购买者决定了。[②] 在刑法领域,好多犯罪看上去都是冲动的、情绪化的、无理由的,一言以蔽之,是非理性的,但就犯罪整体上来讲,他们的行为还是受理性的指引。犯罪分子是理性的,这一前提是抓住了人们试图要解说的犯罪现象的最为本质的一部分。"罪犯都有足够的理性,能对激励因素的改变做出反应。即使人类是理性的这个假设是假的,作为有用的近似值,其也是成立的。"[③]理性选择理论作为普遍意义的事实,使量刑经济学规则具有了科学的基础或前提。

① [美]波斯纳:《超越法律》,苏力译,中国政法大学出版社 2001 年版,第 19 页。
② [美]波斯纳:《超越法律》,苏力译,中国政法大学出版社 2001 年版,第 20 页。
③ [美]波斯纳:《超越法律》,苏力译,中国政法大学出版社 2001 年版,第 21 页。

本质上，理性经济人是依据行为选择模型进行行为选择的，进一步讲，是根据成本与收益的比较判断方案序列中不同方案的效用或效益的最大值而做出选择的。经济理性的潜在犯罪人在犯罪前要列举可能的选择事项，然后对他们进行成本与收益的评估，在此基础上对选择事项进行排序。当且仅当某个选择事项的收益超过其成本，进一步当且仅当某个选择事项的纯收益即利润是最大时，行为人才会选择这个事项。只有当作为一个选择事项的犯罪行为的利润最大时，潜在犯罪人才会选择。这里应当强调的是，潜在犯罪人如何评估历史刑罚判决以及如何影响了行为人的成本与收益的比较。按照经济学的观点，理性行为人并不重视历史成本或沉没成本，其重视的是预期成本。行为人“作出决定的基础不是已损成本（sunk cost），那些都已经过去了（‘不要为了洒了的牛奶而哭泣’），而是其他仍然开放的行动进程可能耗费的成本和可能的收益”。[①]“由于犯罪人对他的预期收益超过其预期成本，所以某人才实施犯罪。”[②]法院的历史判决会作为一种犯罪的成本，但潜在犯罪人并不是将历史判决的全部作为未来犯罪的成本，他还要考虑历史判决在自己身上实现的可能性。也就是说，选择事项排序过程中，潜在犯罪人注重的是预期犯罪成本。历史判决的成本与依据历史判决所评估的预期犯罪成本可能是不一样的，这取决于历史判决的成本再一次变成现实的可能性。在历史判决成本基础上进行的预期犯罪成本的评估，跟判决可能性或刑罚必然性有关，如果刑罚具有必然性，刑罚的可能性是100%，历史判决的成本就是犯罪的预期成本；如果刑罚的可能性降低，犯罪的预期成本也将同比例降低。我们应当注意的一个事实是，对任何犯罪进行刑罚处罚的可能性都不可能是100%，有的犯罪处罚的可能性还相当低。在司法实践中，如果一个法官是在历史判决成本的基础上来预测将判刑罚对某一个罪犯的威慑效果，他很可能是错了，或者说他

---

① ［美］波斯纳：《超越法律》，苏力译，中国政法大学出版社2001年版，第19页。

② ［美］波斯纳：《法律的经济分析》（上），蒋兆康译，中国大百科全书出版社1997年版，第292页。

的判决将达不到所预期的威慑效果。

一个法官要正确地预测刑罚可能产生的威慑效果，他的判决就要建立于潜在犯罪人行为选择的事实基础之上，全面地理解或洞察潜在犯罪人犯罪行为选择的机制。实际上，潜在犯罪人在犯罪行为选择时重点要考虑一定制裁概率下预期犯罪成本与犯罪收益的比较（不同的文献所使用的概念是不同的，有的用侦获概率，有的用抓获概率，有的用制裁概率。本书使用制裁概率这个概念）。预期犯罪成本跟实际可能判处的刑罚和制裁概率成正比。[1] 实际可能判处的刑罚在量上与历史判决相同，潜在犯罪人一般会预测，如果自己被判决有罪，其判决的刑罚会与历史上同类判决相同。如果用一简单的公式来表示的话，预期犯罪成本=实际可能判处的刑罚×制裁概率。这可视为潜在犯罪人预期犯罪成本评估的乘法规则。对犯罪分子来讲，如果预期犯罪收益>预期犯罪成本，他才可能实施犯罪。如果一项犯罪预期获得的收益是1000元，潜在犯罪人认识到被抓后实际可能判处的刑罚是1000元，但他估算被抓到或被判决的概率是50%，他预期的犯罪成本就是500元。对该犯罪选项，预期犯罪收益>预期犯罪成本，潜在犯罪人有可能实施该犯罪。当然，这一犯罪是否实施，还要看该项犯罪的预期利润在可选择事项利润序列中是否居于首位或预期价值最大，这涉及与其他或可选事项预期利润的比较。但是，对刑罚

① Polinsky and Shavell, "The Economic Theory of Public Enforcement of Law", *Journal of Economic Literature*, Vol.38, No.1. (March 2000), p.50.其他一些主要法律经济学者也有类似的论述，贝克尔认为，因为仅仅被判决的犯罪分子才受到处罚，实际上这里存在价格歧视和不确定性，如果被判决，他对每一个犯罪支付"刑罚"，否则，就不支付。无论是制裁率或"刑罚"的增长都将减少从犯罪所得到的预期效用和倾向于减少犯罪数量，因为支付更高价格的可能性或价格本身将增加。See, Becker, G. S., "Crime and Punishment: An Economic Approach", *Journal of Political Economy*, Vol.76, No.1 (Mar., 1968), p.177.波斯纳认为，一旦犯罪的预期成本被确定，选择刑罚制裁率和严厉性将变得有必要，这将使潜在的犯罪者预期到犯罪的成本。如果制裁率是100%，1000元的罚金可以强加1000元的预期成本；如果制裁率是10%，10000元的罚金才可以强加1000元的预期成本；如果制裁率是1%，100000元的罚金才可以强加1000元的预期成本；以此类推。See, Posner, R. A., "An Wconomic Theory of the Criminal Law", *Columbia Law Review*, Vol.85, No.6. (Oct., 1985), p.1206.

威慑来讲,重要的是使潜在犯罪人的预期犯罪成本高于其预期犯罪收益,才能根本上抑制犯罪行为选择。这也构成了刑罚是否有有效威慑效果的基础,是刑罚实现其目必须要考虑到的事实。

刑罚的目的是预防犯罪,其控制的对象是潜在的犯罪人。因此,刑罚目的的实现最终要通过影响潜在犯罪人的行为选择来实现。如果要使刑罚产生有效的效果,法官必须考虑潜在犯罪人如何进行犯罪选择,当然也必须考虑潜在犯罪人犯罪选择时所遵循的成本预期乘法规则。这一规则要体现在刑罚的判决中,否则,刑罚的合目的性就有很大的疑问。对于潜在犯罪人的选择事项成本与收益的比较,法院唯一可以控制的因素是作为成本的刑罚。法院的判决应当通过施加刑罚,增加犯罪选择事项的预期成本,降低犯罪选择事项的预期利润,降低犯罪选择事项在可选择事项序列中的排序,从而达到抑制潜在犯罪人去选择犯罪事项。

因为只有当预期犯罪收益低于预期犯罪成本时,潜在犯罪人才有可能不选择实施犯罪行为,法院必须确保刑罚所能够强加于潜在犯罪人的预期成本超过预期收益。这必须考虑潜在犯罪人进行预期犯罪成本估算时所采用的乘法规则,否则,刑罚所强加的成本就会低于预期犯罪收益,从而达不到理想的预防犯罪的效果。如果某一行为的犯罪收益是 1000 元,潜在犯罪人所认知的同类犯罪可能被强加的刑罚是 1000 元,但犯罪分子同时认知这类犯罪行为的制裁率是 50%,即刑罚所强加的犯罪成本的可实现率是 50%。此时,潜在犯罪人所估算的这一行为的预期成本是 500 元,省略其他成本与收益要素,犯罪的预期收益是 500 元。对于该行为,强加 1000 元的刑罚根本不能威慑犯罪。因此,对于制裁概率小于 1 的犯罪,法院一定要考虑行为人刑罚选择赋值的折扣率。我国法院是按照犯罪的社会危害性大小进行量刑的,而犯罪的社会危害性在数量上基本上可视为与犯罪人从犯罪中所得相同,即犯罪的社会危害性约等于犯罪收益。如果法院量刑时考虑刑罚威慑的有效性,法院量刑的经济学规则是:威慑效果最佳的刑罚=行为的社会危害性÷制裁概率。这可以视为量刑的除法规则。

四、量刑经济学规则之提倡

通过刑罚威慑过程分析,我们知道刑罚威慑产生效果的阻碍因素,是刑罚实现的可能性和刑罚信息传递的问题,而量刑经济学规则有利于解决上述两个问题。如果在量刑中提倡量刑经济学规则,可以增加刑罚威慑效果的有效性,促进刑罚目的的实现。量刑经济学规则提倡的理由简述如下:

首先,量刑经济学规则并没有推翻既成的刑罚理念、原则,相反还为这些理念、原则提供了科学事实支持,并且发展了贯彻这些理念、原则的刑罚制度或规则。量刑经济学原则坚持了罪刑均衡的原则,使刑罚建立在犯罪的社会危害性基础之上,能够做到重罪重罚,轻罪轻罚,罪刑相称,罚当其罪。传统的量刑虽然也考虑刑罚对未然之罪的威慑效果,却没有将刑罚对未然之罪的威慑效果立基于普遍意义的事实之上,即没有考虑威慑对象依据制裁概率对刑罚的惩罚性进行折扣的事实。量刑的乘法规则揭示了潜在犯罪人根据历史刑罚估算未来预期犯罪成本的事实,为刑罚理论和刑罚裁决建立了更加科学的事实前提。量刑的除法规则,内含了乘法规则,使刑罚能够真正反映预期的犯罪成本,从而使刑罚能够真正影响到威慑对象的行为选择,保证了刑罚威慑犯罪的有效性。

其次,量刑经济学规则有利于形成量刑的一致性、连续性和确定性。“法治本身具有时空上的恒常性要求,这意味着某项法律规定或原则不论在何时何地被重复,都应当具有时间上的连续性和地域空间上的统一性。”①量刑的连续性、一致性不仅具有法治的意义,同时也是刑法可预测性的基本要求,是刑罚确定性的保证。刑法可预测性不仅体现在实体法上,更重要的是要体现在刑事司法上,公众或潜在犯罪人更想知道法官实际上是怎样判决刑罚的。

① 白建军:《论法律实证分析》,《中国法学》2000 年第 4 期。

刑事实体法仅规定了犯罪的构成要件和刑罚幅度，而法官通过判决明确了某一犯罪所应受到的刑罚惩罚，潜在犯罪人无法根据刑罚幅度来进行估算预期犯罪成本，其更关注法院所给出的较为明确的刑罚信息并以此估算预期犯罪成本。经验性的“综合估量式”的量刑流程，很难形成一个在时间上具有连续性和在地域空间上具有一致性的量刑标准。量刑经济学规则不仅内含了乘法规则，还把刑罚的严厉性、确定性视为函数公式的变量因素，统一到一个简洁的量化公式中。量刑经济学规则作为量化分析工具，使法官在量刑时可动态地、准确地把握犯罪社会危害性与刑罚的严厉性、确定性之间的关系，同时，量刑经济学规则的稳定性也使刑罚具有内在的连续性和一致性。有的学者认为，法律现象的定量分析对法律规则的连续性和统一性是必要的。[①] 简单的经济原则能使法律产生整体合理化的力量并为系统的刑罚确定标准提供基础。[②] 量刑的经济规则本身不是量刑的标准，它是对刑罚裁决、刑罚效果预测进行量化分析的工具。如果每一个法官都用这个简洁的规则在法定的范围内裁决刑罚，刑罚就有可能在较长的时间里、在全国范围内具有了一种内在的连贯性和一致性。

再次，量刑经济学规则便利了法官对刑罚效果的预测。刑罚是否能有效地预防犯罪是一种事前的预测，如果仅仅清楚刑罚的目的是有效地预防犯罪，但司法者不能清晰地预测或判断应当裁定什么样的刑罚才能在未来有效地预防犯罪的话，刑罚目的的实现可能就存在很大的疑问。法官并不是不想预测刑罚的实际效果，而是预测刑罚的效果需要大量的信息。法官判决时都有时间的压力，而法官要考虑的事情很多，法官更关注个案判决的公正性以及公众的评价，可能无暇顾及判决对嫌犯或潜在犯罪人的未来的威慑效果。法官要预测刑罚需要收集信息，需要收集的信息越多，需要付出的信息成本就越高，而这会阻碍法官去收集信息。事实上，“我们很少有足够的信息来解决什么

---

① 白建军：《论法律实证分析》，《中国法学》2000 年第 4 期。

② ［美］弗里德曼：《经济学语境下的法律规则》，杨欣欣译，法律出版社 2004 年版，第 6 页。

样的规则是有效率的问题……在多数情况下，我们所能希望的就是充分了解问题的逻辑并对合理的好方案看起来应该是什么样有一个有根据的猜测。”① 量刑经济学规则反映了犯罪社会危害性与刑罚的严厉性、确定性之间的内在逻辑，便利了法官对刑罚效果的预测。法官并不需要考察或研究具体个案的刑罚将会产生怎样的威慑效果，只要知道具体个案所属类别犯罪的制裁概率，依据乘法规则就可大体估算有效果的刑罚。量刑经济学规则对刑罚信息具有标准化处理的作用，因为无论是法官或者是威慑对象，都按照大体统一的规则去裁决、预测刑罚，刑罚的信息就会趋于一致。“对法律信息进行标准化处理，不仅可以使法律现象的范围、规模、水平、不同法律现象之间关系变得清晰可见，使有关法律信息具有可比性，还可以使法律效果和后果的预测变得比较准确，有助于诉讼当事人以及司法人员进行法律选择。”②

最后，量刑经济学规则降低了潜在犯罪人收集刑罚信息的成本。潜在犯罪人对刑罚信息的了解是为了估算犯罪的预期成本，因此，潜在犯罪人会尽量收集较为明确的信息。刑罚的信息也必须达到一定的明确程度，潜在犯罪人才会用于行为抉择。如果刑罚信息过于模糊或过于不确定，潜在犯罪人就会在犯罪决策中忽略这些信息的作用。由于信息收集也需要成本，如果收集信息的成本过高，即使刑罚方面的信息对潜在犯罪人来说非常必要，其也会放弃收集这些信息。刑罚信息成本跟收集信息的难易及信息的确定性有关，收集刑罚信息的难易跟信息渠道是否畅通，人民法院是否有一个具体的、稳定的、连续的、一致的量刑策略有关。在现实生活中，潜在犯罪人收集实体法信息是较为容易的，但收集司法信息相当困难。因为量刑经济规则有利于形成量刑的连续性、统一性，同时，量刑经济学规则也比较简单，大多数人也能容易地掌握，威慑对象能够利用它通过一些刑罚信息较准确地推测其想要得到的刑罚信息，而不用一一核实。比如，某一潜在犯罪人知道了法院量刑的经济学规

---

① ［美］弗里德曼：《经济学语境下的法律规则》，杨欣欣译，法律出版社2004年版，第386页。

② 白建军：《论法律实证分析》，《中国法学》2000年第4期。

则，他又知道了某一时期盗窃案的制裁率，他就很容易从“盗窃5000元被判三年”的案子推断出盗窃50000元将可能判多少年刑罚。这种根据规则的推断而获得刑罚信息方法，大大降低了刑罚信息的成本，无疑会提高刑罚的威慑效果。

量刑经济学规则并不是万能的，依靠单一的规则也无法抓住量刑的复杂性，它仅仅是一种量刑量化分析的工具。量刑经济学规则也不是要替代原有的量刑方法，而是强调在原有量刑基础上一定要考虑经济规律。量刑经济学规则作为量刑量化分析的工具，可“促使司法游戏更略为接近科学的游戏”①，对于人民法院正在进行的旨在追求科学、公正量刑的规范化改革具有实质性参考意义。规则越简单，它所不能包含的例外情况就越多。犯罪现象太复杂了，以致量刑经济学规则看起来无法适用于一些犯罪现象。比如，自由刑给罪犯造成的痛苦如何量化为犯罪成本；有一些犯罪单纯追求精神上的“享受”，其怎样量化为犯罪的收益。但有一点可以肯定，理性行为人对痛苦与“享受”的权衡，类似于成本与收益的比较，也是有关人类行为选择的基本事实，也遵循着效益或效用最大化的普遍规律。有的人也许会提出，非理性的“激情”犯能够适用于量刑经济学规则吗？这一问题其实像“非理性的‘激情’犯能够被威慑吗”这样的问题一样难以回答，这些问题也不大可能在刑罚体系之内得到解决。一种理论的合理性并不在于解决本领域的所有问题，它能抓住有助于解决主流问题的方法就足够了。“法律实证分析倾向于以普遍存在的现象为参照，从而观察、描述、预测法律现象，而不是以任何一种极端的、个别的、理想中的行为模式为标准。”②

---

① [美]波斯纳：《超越法律》，苏力译，中国政法大学出版社2001年版，第453页。

② 白建军：《论法律实证分析》，《中国法学》2000年第4期。

第五章　处罚认知的有限性及其对环境法实施的启示[①]

环境法实施的目标是抑制环境违法犯罪行为,这一目标是通过环境法实施的处罚威慑功能实现的。无论是环境行政处罚,还是环境刑罚处罚,它们的基本目标应当是能够威慑潜在环境违法犯罪人去实施环境违法犯罪行为。处罚威慑功能实现基本的前提是处罚的主观认知,只有潜在违法犯罪人在心理层面上感知到了处罚,处罚才能在违法犯罪决策中抑制潜在违法犯罪人选择实施违法犯罪行为。传统法律经济学以及传统法律威慑理论,假定潜在违法犯罪人能够完全认知法律处罚,但通过行为科学所揭示的心理认知规律,人们可以发现,潜在违法犯罪人的处罚认知是有限的,传统威慑理论完全处罚认知的假定并不符合实际情况,是不真实的,以处罚完全认知为基础的法律实施策略能否产生有效的威慑效应,足以令人怀疑。一直以来,人们虽然认识到了处罚认知对于处罚威慑实现的重要性,但完全处罚认知的假定使人们忽视了进一步研究处罚认知的必要性。毋庸置疑,环境法实施处罚威慑功能的实现应当建立在真实的处罚认知心理之上,人们应当关注潜在环境违法犯罪人实际上是以什么样的方式或策略来进行处罚认知,其实际的认知现状是什么。进

① 本章部分内容曾发表于《东南大学学报(哲学社会科学版)》2017 年第 2 期。

一步讲,人们也应当采取措施应对处罚认知的有限性,以保证环境法实施处罚威慑功能的实现。

第一节　作为处罚威慑实现前提的处罚认知

众所周知,处罚威慑实现的基本前提是处罚要具有确定性、严厉性和及时性,但一个更加基本的前提是潜在违法犯罪人要对处罚形成主观认知。处罚威慑一般是指通过惩罚的施加吓阻违法犯罪犯人再一次实施违法犯罪行为,或其他潜在违法犯罪人去实施违法犯罪行为。处罚威慑效应的产生基于潜在违法犯罪人是理性的假设。现代威慑理论复兴人物贝克尔主张,犯罪应归因于行为人的理性自利,“如果一个人行为的预期效用超过了他将时间和别的资源用于其他行为所能得到的效用,他将实施犯罪”①。因为违法犯罪人是一个理性算计者,犯罪行为的选择取决于违法犯罪收益和成本的比较,而主要的违法犯罪成本就是法律处罚。这样,潜在的违法犯罪人会对法律处罚的强加和改变产生反应,并影响行为选择,法律处罚由此产生威慑效果。处罚威慑效应是潜在违法犯罪人在犯罪决策时对处罚施加或改变产生的一种回应,如果立法上法律处罚的加重或执法、司法机关的处罚裁决或判决减少了社会上的违法犯罪活动,我们就可以判断处罚产生了威慑效果。立法上或司法上的处罚并不能自动产生威慑效应,威慑效应的产生需要众多的前提条件。贝卡里亚在其论著《论犯罪与刑罚》中就已阐明,对犯罪强有力的约束力量来自刑罚的确定性、严厉性和及时性。因此,我国学者一般认为,刑罚威慑效应产生的前提条件是刑罚的严厉性、确定性和及时性。② 从处罚提供的角度讲,处罚的

---

① Becker, G. S., “Crime and Punishment: An Economic Approach”, *Journal of Political Economy*, Vol.76, No.1.(Mar., 1968), p.167.

② 梁根林:《刑罚威慑机制初论》,《中外法学》1997 年第 6 期。

严厉性、确定性和及时性是确保处罚威慑效应发挥的基本要求，然而，即使处罚的提供达到了这种要求，处罚也未必能够产生威慑效应。从处罚接受的角度讲，潜在违法犯罪人首先要对处罚形成心理认知，然后才能在违法犯罪决策时回应处罚，因此，处罚认知也是处罚威慑效应产生的前提。没有对处罚的认知，处罚的威慑效应就不可能产生。处罚认知对于威慑效应的重要性，也被众多学者所强调。贝卡里亚认为，必须使行为人认识到犯罪与刑罚之间的一一对应关系，刑罚才能产生威慑效果，"人们只根据已领教的恶果的反复作用来节制自己，而不受未知恶果的影响"①。边沁强调，支配人类行为的痛苦和快乐产生于内心，是主观感知的产物，刑罚威慑效果来自于刑罚痛苦的感知。"惩罚的作用不可能超过心里想到的关于惩罚以及罪罚联系的观念。假如想不到惩罚观念，那么它就完全不可能起作用，因而惩罚本身必定无效。要想到惩罚观念，就必须记得它，而要记得它，就必须了解它。"②处罚认知的主要内容是处罚概率和处罚强度。这里，要强调处罚概率、处罚强度分别与处罚确定性、严厉性相联系，但它们的基本含义是不同的。处罚确定性、严厉性是从应然的角度描述处罚具有一种什么样的特性后，才能具有理想的威慑效果。在此语境下，处罚确定性意指处罚施加应当做到"有违法或犯罪必罚"，处罚严厉性意指所施加的处罚应当超过违法犯罪所得。当处罚是"有违法或犯罪必罚"并超过违法犯罪所得时，所施加的处罚才能产生理想的威慑效果。处罚概率、处罚强度是对处罚具体实施状态的一种描述。在此语境下，处罚概率意指违法犯罪受到处罚制裁的可能性大小，实际上是违法犯罪受到制裁的数量与违法犯罪总量的比值；处罚强度意指违法犯罪实际可能受到法律处罚的数量上的多少。处罚概率、处罚强度，是违法犯罪决策人必然要了解的处罚信息。潜在违法犯罪人在比较不同行动方案的效用时，基本上是将方案的成本与收益乘以实现的可能性后再进行比较。在此，处罚强度是违法犯罪的成本，

① ［意］贝卡里亚：《论犯罪与刑罚》，黄风译，中国法制出版社 2002 年版，第 50 页。

② ［英］边沁：《道德与立法原理导论》，时殷弘译，商务印书馆 2000 年版，第 238 页。

处罚概率是违法犯罪成本实现的可能性,它们相乘的结果就是潜在违法犯罪人所预期的违法犯罪成本。违法犯罪决策关注的是预期违法犯罪成本,潜在违法犯罪人也许要关注处罚的确定性、严厉性问题,但最终是将处罚确定性、严厉性看成与违法犯罪预期成本有关的处罚信息,而不是将其作为认知的目标。一般意义上讲,处罚确定性是指处罚概率接近 1 的一种处罚实施状态。在法律实践中,由于司法资源的有限性,处罚的确定性是很难保证的,除了杀人一类的严重犯罪,大部分违法犯罪的处罚概率比较低。因此,基于违法犯罪决策来考察处罚的威慑效果,处罚的确定性没有什么实际意义。

第二节　处罚认知有限性的理论基础

传统法律经济学的理论基础是新古典经济学的理性选择理论,它是理性经济人或理性效用最大化假设的规范表述,其基本思想是:行为人具有稳定、有序的偏好,具有完全的信息和精确的记忆能力和计算能力,能够收集、整理所有可能的行动方案并能比较这些方案的成本与收益,从中选择收益最大化的方案予以行动。从效用的理性最大化角度来看,那些从事违法行为的人在本质上与其他人并没有什么不同。他们只是因一些不同的偏好、机会成本与约束,参与了一些"非法的"的活动,因为这些活动能使他们的净收益最大化。[①] 因此,潜在违法犯罪人也是一个理性效用最大化的追求者。他们具有完全的理性,能够准确判断处罚的严厉性和处罚概率、违法犯罪收益以及全部违法犯罪可能选择方案的成本与收益,并以收益最大化为标准选择是否实施违法犯罪。理性违法犯罪选择的合理性不仅在理论上被详尽地加以阐述,也经受了经验观察的检验。20 世纪 70 年代,美国国家科学院的一个研究小组就曾研究了当时的经验检验文献并得出结论,刑罚威慑能够起作用,也就是

---

① [美]麦考罗、曼德姆:《经济学与法律——从波斯纳到后现代主义》,吴晓露等译,法律出版社 2005 年版,第 74 页。

说,理性选择理论的预测性能够解释所观察到的犯罪行为模式。[①] 在实践上,理性违法犯罪理论对美国刑事司法政策也产生了重要影响。例如,在 80 年代,美国联邦审判委员会主持了通过减少审判的变动性来理性化联邦刑事审判的行动,其基本的理由就是确定性的审判比不确定性的审判更具有威慑效果。但从 80 年代开始,伴随行为经济学的兴起,理性选择理论及其在法律上的运用受到了广泛的质疑。行为经济学本身不是一种纯粹的经济理论,它来自对理性选择理论预测性检验的实验和经验研究,但这些实验和经验的研究产生了大量与理性选择理论不一致的现象。行为法经济学家认为,在行为选择模式上,行为人不是基于完全的理性,而是基于行为人有限的意志、有限的计算能力、有限的信息,他们大多数情况下并不是依据效用的最大化进行决策,而是按照固有的心理或认知规律进行决策。完全理性和有限理性的一个基础性的区别,就是完全理性根本不依赖人们的认知能力,而有限理性必须依据对人类认知能力的判断来研究行为选择规律。潜在违法犯罪人在进行行为决策时,是建立在对处罚严厉性和处罚概率主观认知的基础之上。这些主观认知,受人们认知规律的影响。处罚认知有限性的理论基础,主要来自以下几个方面:

一、认知能力的有限性

理性选择理论认为,行为决策者能够充分地计算各种可选方案的成本与收益,在选择能使他们的利润或效用最大化的行动方案过程中,他们具有充分的认知能力,不会犯任何的错误,除非他们被系统化地误导(单个人可能会犯错误,但如果是一群人就不会犯错误)。行为经济学的研究发现,在决策过程中,行为人的认知能力并不是无限的,他们可能被系统化地予以误导。这些误

① Levitt S.D., Miles T.J., "Empirical Study of Criminal Punishment", *Handbook of law and economics*, No.1.(2007), pp.455-495.

导并不是散乱地、随机地存在着，而是会导致行为人的选择明确地、持续性地偏离于完全理性的预测。被系统化误导的原因在于：一是行为人对于他们的自身、才能和未来的前景远比现实的情况乐观得多；二是行为人更多地依赖于容易获得的证据而不是正式的调查研究进行决策；三是行为人更多地相信巩固先前信念的证据而不是可选择信念中的证据；四是行为人更加关注当下决策的固定成本；五是行为人远比我们所预期的那样附加了更多的价值到事物的存在方式中去。行为人被系统化误导的典型例子，是可得性启示（availability heuristic）和过于乐观主义（overoptimism）或乐观主义偏见。可得性启示是指对于所经历过的显著的或难忘的事件，会使行为人过高估计此类事件的发生概率。其实，这些事件不过是现实中发生的普通事件。有些学者认为，当一个人用容易记住的例子和联系估计事件发生的频率和概率时，他就在使用可得性启示。① 一些易记事件因为是平常发生的或具有代表性，它们在人类的心目中也就记忆得比较准确。在行为决策时，行为人为了避免成本而不去花力气收集信息，而仅仅利用易记性或凸显事件去计算结果发生的概率。有些易记性或突显事件并不是因为其具有客观上的普遍存在性而容易记住，而是因为这些事件较为生动或在熟人圈子里较为流行而被记住。这样，当一个人使用可得性启示估计事件发生概率时，所估计的难忘事件的发生概率比实际的概率要更大。例如，大多数美国人相信杀人犯罪和交通事故所杀死的人数，要比因糖尿病和胃癌而死亡的人数多一些，而实际上正好相反。这可能是因为杀人事件和交通事故在媒体上报道比较多的缘故，使这些事件突显并难以忘记。过于乐观主义或乐观主义偏见是指人们在评价自己的能力、前景和其他与自身相关的事情时，往往是过度乐观的。对于不确定事件的决策，行为人总是认为自己的幸运概率高于其他人的或实际的幸运水平，而倒霉的概率低于其他人的或实际的倒霉水平。

---

① Tversky A.，Kahneman D.，“Availability：A Heuristic for Judging Frequency and Probability”，*Cognitive psychology*，Vol.5，No.2.（1973），pp.207-232.

二、预期效用的偏离

预期效用理论是理性选择理论的一个扩展，主要用来解释和预测不确定性条件下的行为决策。根据预期效用理论，决策者是在不确定的行动进程中进行决策的，决策所依据的效用是通过决策者对多种可能出现的后果进行加权评价后得到的。面临不确定结果的决策者，被认为有三种可能的风险态度：(1)风险厌恶；(2)风险中立；(3)风险喜好。风险厌恶意味着决策者愿意支付金钱来避免承担风险，这样的决策者具有的一种偏好是相比于具有相同预期价值的不确定性的前景更加喜欢一种确定性。风险中立意味着决策者对于风险无关紧要，他只寻求最大化的预期价值。风险喜好意味着决策者将对承担风险进行支付，这样的决策者相比于具有相同预期价值的确定性更加喜好不确定性。但是，有充分的心理学证据显示，不确性条件下的行为决策中，决策者的行为虽然可以预测，但完全不同于预期效用理论所呈现的结果。这样，一种以行为经济学为视角的理论——前景理论——被提出来以替代预期效用理论。前景理论中较为著名的发现是框架效用，它是指在不确定性前景下，决策者的选择不仅依赖可能结果的绝对价值，也依赖偏离于底线和最初参照点的程度。例如，在评估损失时，如果最初参照点为零的话，人们会认为从 100 到 200 的损失会大于从 1000 到 1100 的损失。虽然损失的绝对值都是一样的，但主观评估价值却不同，这仅是因为前者从参照点偏离的程度是 100%，而后者从参照点偏离的程度是 10%。同样，在评估收益时，也是如此。这与预期效用理论的预测结果是不相同的。同时，前景理论认为，人们对偏离于参照点的不确定损失或不确定收益的风险态度也是不同的。当选择被视为一种偏离于参照点的损失时，人们对于风险的态度是喜好的；当选择被视为一种偏离于参照点的收益时，人们对于风险的态度是厌恶的。而预期效用理论认为，人们的风险态度一般是风险厌恶的。

三、有限的自我控制

理性选择理论认为,行为人具有完全的意志能力,能够清醒地认知自己的效用函数,并能控制自己行为的效用函数与最大化效用相一致。行为经济学认为行为人的意志力是有限的,并不总是能控制自己的行为与长期效用最大化相一致。能够说明有限意志力的例子,是双重自我和双曲线贴现率。对双重自我来说,在一个特定期间里,一个人可能并不具有理性选择理论所预测的单一的、稳定的、一致的偏好集,很有可能具有两个或两个以上的相互冲突的偏好。一个是好的自我,具有长期的效用最大化偏好,一个是坏的自我,具有短视的效用。有时,一个坏的自我主导着行为选择。双曲线贴现率是指在一定的时间里行为人的贴现率是变动的。一般来讲,行为人选择是否延迟一定时间的当前消费所使用的贴现率,会比比较两个同一时间的未来消费选择所使用的贴现率要更高一些。行为人更加喜好眼前的收益而不是日后的数额较大的收益。双曲线贴现率说明,行为人对自己的行为冲动缺乏控制力,不能总是控制自己行为的效用函数与最大化效用相一致。

第三节　处罚认知的有限性的具体表现

行为法经济学视角下,潜在违法犯罪人的行为选择会偏离于理性选择理论视角下"正常"的行为选择,行为法经济学的兴趣在于研究有限理性情况下,潜在违法犯罪人的行为选择相比于"正常"行为模式是如何改变的,然后进一步研究这种改变会对法律实施政策的确立产生什么样的影响。一般来讲,法经济学上违法犯罪行为模型的关键变量是处罚的严厉性、处罚概率。其他的还有潜在违法犯罪行为人风险态度和贴现率。行为法经济学关注的是认知偏见、前景理论、自我控制缺陷等方面,是如何通过影响处罚严厉性、处罚概率的认知和潜在违法犯罪人的风险态度及所采用的贴现率来对违法犯罪行为选择产生影响，以及这种影响对法律实施政策或策略所带来的调整。

一、认知偏见

（一）乐观主义偏见

行为经济学研究证明：人们在评介自己的能力、前景和其他与自身相关的事情时，往往是过度乐观的。对于不确定事件的决策，行为人总是会认为自己的幸运概率高于其他人的或实际的幸运水平，而倒霉的概率低于其他人的或实际的倒霉水平。① 例如，美国学者在居民申请结婚时作过对以后离婚的预测，虽然每一个人被告知美国婚姻的离婚率接近50%，但没有一个人认为自己未来会离婚。② 乐观主义偏见源于自利偏见（self-serving bias），是指人们具有逐渐使判断以有利于他们自己的方式来做出的趋势。大多数人相信他们的各方面的水平超越于一般人之上。行为法经济学研究证明：乐观主义偏见不仅会使潜在犯罪人相比于其他人低估犯罪行为被惩罚的概率，也会使会潜在犯罪人相比于实际水平低估犯罪行为被处罚的概率。③ 如果一类违法犯罪行为的实际处罚概率是10%，由于乐观主义偏见的存在，行为人主观认知的处罚概率可能是5%，那么，执法、司法机构基于理性选择理论所确定的处罚策略，其威慑效果将受到很大的不利影响，潜在违法犯罪人将实施更多违法犯罪行为。为了减少违法犯罪，就要提高处罚威慑水平。如前所述，处罚威慑水平的提高，既可以通过增加处罚概率来实现，也可以通过提高处罚强度来实现。考虑乐观主义偏见，在制定、实施法律政策时，应避免通过增加处罚概率

---

① Jolls C.，"Behavioral economics analysis of redistributive legal rules"，*Vanderbilt Law Review*，Vol.51.（1998），p.1660.

② Baker L.A.，Emery R.E.，"When every relationship is above average：Perceptions and expectations of divorce at the time of marriage"，*Law and Human Behavior*，Vol.17，No.4.（1993），p.439.

③ Jolls C.，"On law enforcement with boundedly rational actors"，*Harvard Law and Economics Discussion Paper*，No.494.（Sep.，2004），p.8.

提高威慑水平,主要应考虑提高处罚强度。

乐观主义偏见也会使潜在违法犯罪人觉得,自己会比其他人或实际的可能获得更多的违法犯罪所得,这会引起潜在违法犯罪人高估违法犯罪的预期收益。如果行为所估计的成本和收益要比实际发生的更低和更高,潜在违法犯罪人将实施更多的违法犯罪。最佳的处罚策略要求更严厉的制裁或更高的惩罚概率。乐观主义偏见在引起潜在违法犯罪人低估惩罚概率的同时,也会引起潜在违法犯罪人在逃避侦查方面的投入减少,例如,较少投入时间和精力来挑选作案的时间和地点以避开目击者和电子监控等。在逃避侦查方面的投入减少,使潜在违法犯罪人在违法犯罪后更容易被抓到,这会部分地抵消因低估惩罚概率而带来的处罚威慑效果的减弱。

(二)悲观主义偏见和映射偏见

悲观主义偏见是指个人倾向于高估他人对社会规范的违反。相比于偏见被纠正,悲观主义偏见会引起更多的人违反社会规范或法律规范。悲观主义偏见可能来自基本的归因错误。如果人们过分地将坏的行为归因于行为人的性格,他们将期望比实际发生更多的没有观察到的坏行为。也就是,他们倾向于忽略人们会偶尔实施过失行为。映射偏见指的是个人倾向于高估像自己一样去实施行为的其他人的数量。映射偏见可能包括两种情况:合法行为人会高估社会中合法行为的数量,而违法犯罪行为人会高估社会中违法犯罪行为的数量。映射可能由于可得性偏见而引起。如果人们倾向于和相同性格的人进行联系,就会发现回想起与自身具有相似性的行为和观点是较为容易的。

库特等人考察了悲观主义偏见和映射偏见对违法犯罪行为的影响效果。悲观主义偏见和映射都可能影响主观惩罚概率的认知。悲观主义偏见可引起社会中所有的人相信比实际情况存在更多的违法犯罪行为,相信更多的人去实施违法犯罪将降低主观惩罚概率。映射偏见会引起合法行为者相信社会存在更少的违法犯罪，这可能会强化行为人遵守法律规范的行为趋向，使合法行为人更加不去实施违法犯罪行为。映射偏见也会引起违法犯罪分子本人相信社会存在更多的违法犯罪行为，这可能会强化行为人违反法律规范的行为趋向，使违法犯罪分子更多地去实施违法犯罪行为。① 不过，从总的社会效应来讲，映射偏见将不会改变总违法犯罪数量的认知，因为合法行为者相信存在更少的违法犯罪，而违法犯罪分子相信存在更多的违法犯罪，处罚政策的威慑效果将不会受到影响。对合法行为人来讲，悲观主义偏见和映射偏见对违法犯罪数量的认知方向是相反的，会抵消或弥补相互的影响。对违法犯罪分子来讲，悲观主义偏见和映射偏见对违法犯罪数量的认知方向是相同的，会强化彼此的相互影响，使违法犯罪分子相信比实际存在更多的违法犯罪行为，降低了主观所认知的惩罚概率，进而导致违法犯罪分子实施更多的违法犯罪。非常明显，在特殊威慑方面，悲观主义偏见和映射偏见会降低原有处罚政策的威慑效果。在特殊威慑方面，要弥补悲观主义偏见和映射偏见的影响，要相应提高基于传统经济分析所确定的处罚威慑水平。悲观主义偏见和映射偏见对处罚威慑效果的影响，说明在考察认知偏见的效用时，更为重要的是要考察不同认知偏见对同一行为决策所产生的综合效果，而不是仅仅通过多个行为决策认定一种认知偏见的效应。

（三）代表性启示

代表性启示是指人们忽视基础概率，而倾向于根据样本是否代表整体来推断该事件出现的概率。代表性启示造成人们忽视样本的规模，以小样本事件概率判断总体事件概率。一般意义上讲，对总体进行统计的结果才是真实的结果，样本的数量越接近实际的数量，统计的结果也就越可信；样本越小，与实际数量相差越大，统计结果的真实性越差。代表性启示意味着人们往往在

---

① Cooter R.D., Feldman M., Feldman Y., "The Misperception of Norms: The Psychology of Bias and the Economics of Equilibrium", *Review of Law & Economics*, Vol.4, No.3.(2008), pp.889-911.

很小样本数据的基础上，轻易地作出总体结论。根据代表性启示，当潜在违法犯罪人估计某类违法犯罪的处罚概率时，他往往仅根据少量违法犯罪的处罚概率来判断该类违法犯罪总体的处罚概率，因为样本的数量很小，潜在违法犯罪人所认知的主观处罚概率可能出现较大的偏差。

（四）可得性启示

可得性启示（availability heuristic），是指人们往往根据自己经历过的显著的或难忘的事件来估计事件的发生概率。传统的法律经济学认为，处罚的威慑效果取决于客观存在的处罚强度与处罚概率，潜在违法犯罪人所认知的处罚强度与处罚概率会与客观存在的处罚强度与处罚概率保持一致。行为经济学家认为，处罚威慑效果并不是来自客观存在的处罚强度和处罚概率，而是来自人们日常生活中形成的有关处罚强度和处罚概率的信念。例如，一个潜在违法犯罪人对于特定违法犯罪的处罚强度和处罚概率的信念，可能来自各种媒体所报道的违法犯罪事件、邻居讲述的违法犯罪事件、同伴的违法犯罪经历等。一个人的有关处罚强度和处罚概率的信念，不是通过阅读刑法、法院的判决文书和政府部门的违法犯罪统计报告而形成的。经验研究也发现，人们所拥有的有关处罚和处罚概率的信息是非常少的。① 这并不是说，违法犯罪预测时潜在违法犯罪人不需要任何处罚强度和处罚概率的概念，而是说，潜在违法犯罪人可能无法承担搜集处罚信息的高昂成本，而仅仅通过简单、方便的途径获得相关处罚信息。由此，人们在日常生活中所经历的显著的、难忘的或容易记住的事件，就成为形成评估特定事件发生概率的根据，这就是可得性启示。由于人们所接纳的相关信息毕竟是有限的，通过可得性启示所评估的事件发生概率一般要高于客观存在的事件发生概率。

对于潜在违法犯罪人来讲，有一些案件是自己所经历过的显著的或难忘

① Robinson and Darley, “Does Criminal Law Deter? A Behavioral Science Investigation”, *Oxford Journal of Legal Studies*, Vol.24, No.2.(2004), pp.173-205.

的案件，他们可能会高估此类案件被处罚的概率。例如，在电视、网络等相关媒体上，杀人刑事案件被经常地予以报道，这样的刑事案件就被凸显出来。对于一般人来讲，这样的一些刑事案件往往被处以极刑，也足以令人难忘。那么，对于潜在杀人犯来讲，他可能高估杀人犯罪被处罚的概率，也就是说，潜在犯罪人所认知的主观杀人罪处罚概率比实际存在的处罚概率要高。对于法律实施政策制定者和实施者来讲，因为潜在违法犯罪人所认知的处罚概率比实际处罚概率要高，就可以降低实际处罚的概率，处罚的威慑效果还是一样的。但这样做，可以降低保持较高处罚概率所付出的高昂成本。特别是在我们国家，习惯上的做法是对杀人犯保持非常高的处罚概率，其付出的破案资源是非常大的。从行为经济学视角看，既然杀人刑事案件是一些显著的或难忘的事件，尽可能高地保持杀人罪的处罚概率可能是无效率的。可得性启示对于处罚威慑的可能意义在于，处罚的施加并不是必须做到向潜在违法犯罪人提供准确的处罚信息，而必须做到的是使处罚成为潜在违法犯罪人心目中的突显的、难忘的事件，这样的处罚将是非常有效的。

有的学者观察到，造成可得性启示偏见的不仅是事件的突显性或难忘性，还有被观测到的事件实际发生的频率，也会对最终认知的主观事件发生概率产生重要影响。① 也就是说，人们一般会低估低频率事件发生的概率。低频率事件罕有发生，难以在人们的脑海里留存痕迹，类似事件发生时难搜索到可参照的历史事件，其往往容易被人忽视或省略。因此，这样的事件也就不会具有显著性或难忘性。一般意义上来讲，如果处罚概率被低估，处罚威慑效果就会不理想。对刑事政策制定者或执行者来讲，应该提高此类刑事案件的处罚概率。低估低频率事件发生的概率，意味着对案子采用高处罚强度、低处罚概率的策略将是无效率的，尽管传统法经济分析认为这样做可能是有效率的。在此种情况下，法律处罚策略应该将处罚概率提高到一定的程度，有利于避免

① Jolls C.,“On law enforcement with boundedly rational actors”, *Harvard Law and Economics Discussion Paper*, No.494.(Sep.,2004), p.12.

认知偏见,使主观处罚概率与客观处罚概率相一致,从而实现所预想的威慑效果。

(五)控制幻觉

控制幻觉是指人们会高估他们控制风险的能力,并且认为能够比其他的人更大程度地区分风险是否处在自己的掌握之中。例如,在一个有关钱币正反面的赌博中,相比于在其他人掷的钱币上所下的赌注,一个人倾向于下更多的赌注在自己所掷的钱币上。控制幻觉还体现在另外一种情况下,就是人们对事前预测和事后预测的偏好是不同的。由于人们会高估控制风险的能力,一般将选择建立在事前预测的基础之上。例如,相比于在已经掷完但还没有揭示结果的钱币上所下的赌注,人们情愿下更多的赌注在他们还没有掷完的钱币上。实质上,钱币正反面所出现的概率都是相同的。控制幻觉意味着相对于事后的预测,人们对事前的预测有更大的自信心。控制幻觉可能与自我服务偏见相联系,即过高估计自身的能力。因为人们相信自己影响未来结果的能力,相比于过去的结果,人们对未来有更大的自信心。在处罚威慑问题上,法律实施政策制定和实施者可以利用潜在违法犯罪人对事前预测和事后预测的不同态度,来增加处罚的威慑效果。例如,处罚的判决可以建立在那些违法犯罪行为实施以后才形成的事实基础之上。处罚的判决也可以建立在那些违法犯罪行为实施时已经存在的事实基础之上。比较上面的两种情况,对于前者潜在违法犯罪人有更大的自信心能够控制决定处罚的事实,而对于后者潜在违法犯罪人将有更少的自信去控制决定处罚的事实。因此,后者将比前者有更大的威慑效果。再比如,违法犯罪预防的措施可以分为两类,一类是在违法犯罪行为实施时就已经在运行,如监控设施;另一类是在违法犯罪行为实施后才开始运行,如警察的搜捕。对于前一类预防措施,潜在违法犯罪人将逮捕的赌注押在了行为时就已经存在的监控设施的记录上,这是一种事后的预测;对于后一类预防措施,潜在违法犯罪人将逮捕的赌注押在了行为时还不存在的警察搜捕行动上,这是一种事前的预测。因为潜在违法犯罪人会高估自己控制风险的能力,一般喜好将赌注押在事前的预测上而回避事后预测。因此,采用监控设施一类的在违法犯罪行为实施时就起作用的预防措施,对违法犯罪有更大的威慑效果。

二、框架效用

根据框架效用,越远离于行为人参照点的改变,其相应的价值就越小。前面提及,如果参照点是 0 的话,从 100 到 200 的改变所体现的价值要大于从 1000 到 1100 的改变所体现的价值。对潜在违法犯罪人来说,处罚是一种损失,他们在主观上会认为,从 10 年徒刑到 11 年徒刑的增加所带来的违法犯罪成本,会远低于从 1 年处罚到 2 年处罚增加所带来的违法犯罪成本。在处罚威慑方面,框架效用意味着,从 10 年徒刑增加到 11 年徒刑所带来的威慑效果,要远远低于徒刑从 1 年增加到 2 年所带来的威慑效果。再进一步推断,可以认为,在严厉刑罚的基础上增加刑罚的严厉性所可能带来的威慑效果将非常有限。

另外,根据框架效用,行为人在不同的参照点偏离方向上表现出了不同的风险态度。在评估收益时,对于具有相同预期价值的确定性收益或风险性收益,行为人会选择确定性收益,此时,行为人是风险规避者;在评估损失时,对于具有相同预期价值的确定性损失或风险性损失,行为人会选择风险性损失,此时,行为人是风险喜好者。例如,当人们所面临的选择介于 50%可能性的 1000 元收益与 100%的 500 元收益时,人们将选择后者;相反,当人们所面临的选择介于 50%可能性的 1000 元损失与 100%的 500 元损失时,人们将选择前者。对于潜在违法犯罪人来讲,法律制裁是一种损失。面对未来处罚的强加,大多数的潜在违法犯罪人是风险喜好者,他们偏爱于制裁的强度是不确定的。要使处罚政策的制定抑制潜在违法犯罪人的偏好,这意味着,保持预期处罚的稳定不变,增强制裁强度的确定性,处罚的实施会产生更好的威慑效果。

执法、司法实践强调通过审判指南来使处罚的强度尽可能地具有预测性，上述的研究提供了有利的理论根据。①

在前景理论里，一个人的风险态度不是恒定不变的。决定一个人是风险厌恶还是风险喜好，应该首先确定行为人的待定决策是涉及收益还是涉及损失。待定决策是涉及收益还是涉及损失是一个人的主观认知问题，这个问题的决定跟决策的方式和决策的环境有密切关系。如果违法犯罪收益超过预期处罚成本，待定违法犯罪决策所涉及的就是收益，相反，就是损失。在一个涉及收益的违法犯罪决策里，潜在违法犯罪人的风险态度就是风险厌恶的，那么增加处罚的风险，即增强处罚的强度并降低处罚概率将具有更好的威慑效果。显然，这和前面的分析结果是相矛盾的。这暴露了前景理论的一个固有的缺陷，一个人的风险态度取决于主观上所认知的待定决策涉及的是收益还是损失，而不取决于一个有关决策性质的外在或客观的判断。一旦参考点得以确立，前景理论的预测性是非常清楚的，但该理论无法清楚地确定行为人的参考点是什么或在哪儿。

三、自我失控

行为经济学研究证明，违法犯罪可能来自匮乏的自我冲动控制。双曲线贴现率研究表明，行为人通常会对自己喜欢的未来消费进行贴现，但偶尔会在选择眼前的消费时给予非常高的贴现率并作出错误决策。当事后进行正常贴现时，行为人会对先前的冲动决定非常后悔。将双曲线贴现率应用于违法犯罪决策就会发现，违法犯罪收益是眼前的，可能给予较高的贴现率，而代表违法犯罪成本的可能处罚是延迟的，给予的贴现率可能较低，并且，延迟的时间越长，处罚的贴现率越低。缺乏自我控制的潜在违法犯罪人，会更多看重眼前

---

① Harel A., Segal U., "Criminal Law and Behavioral Law and Economics: Observations on the Neglected Role of Uncertainty in Deterring Crime", *American Law and Economics Review*, Vol.1, No.1. (1999), pp.284-285.

收益而作出错误的违法犯罪决策。① 双曲线贴现率意味着，要使处罚具有好的威慑效果，就必须使处罚具有及时性，也就是说，实施违法犯罪与处罚强加之间的时间越短越好，避免潜在违法犯罪人陷入违法犯罪陷阱。法律经济学一般认为，在潜在违法犯罪人风险中性的情况下，提高处罚强度或处罚概率，处罚的威慑效果也会同比例地提高。同样，降低处罚强度与提高处罚概率，同降低处罚概率与提高处罚强度可能会有相同的效果。例如，处罚强度从一年有期徒刑提高到两年有期徒刑，处罚的威慑效果会提高一倍。另一种情况是，10%处罚概率的一年有期徒刑的预期处罚与5%处罚概率的两年有期徒刑的预期处罚是相同的，它们的威慑效果也是一样的。但是，由于存在双曲线贴现率，以上的情况会有很大的不同。因为处罚延迟的时间越长，其贴现率越低，处罚强度从一年有期徒刑增加到两年有期徒刑，它的威慑效果不会成倍地增加。从另一个角度说，如果违法犯罪分子被判了两年有期徒刑，其第二年的有期徒刑的威慑效果将小于第一年的。同样，10%处罚概率的一年有期徒刑的预期处罚与5%处罚概率的二年有期徒刑的预期处罚是相同的，但它们的威慑效果却是不一样的，前者的威慑效果要大于后者。一个进一步的结论是，长期的有期徒刑所带来的威慑效果没有人们预想的那么大。

第四节　处罚认知有限性对环境法实施的启示

理想的环境法实施效果取决于环境处罚威慑效果的有效实现，其基本前提是对于既定处罚策略中的处罚威慑水平（处罚概率与处罚强度的不同组合），潜在环境违法犯罪人对有关处罚概率与可能的处罚强度的主观认知，要

① Cooter R. D., "Lapses, Conflict, and Akrasia in Torts and Crimes: Towards an Economic Theory of the Will", *International Review of Law and Economics*, Vol.11, No.2. (1991), pp.149-164.

与客观的处罚概率和处罚强度相一致，并在此基础上进行环境违法犯罪决策；当环境法实施政策调整时，如提高或降低某类环境违法犯罪的威慑水平，潜在违法犯罪人有关处罚概率与可能的处罚强度的主观认知，会作出与客观的处罚概率和处罚强度相一致的变动，并相应影响犯罪的决策。

从理论上推断，潜在环境违法犯罪人的处罚认知水平比较低，因为潜在环境违法犯罪人要获得一类环境违法犯罪的实际处罚概率，甚至判断自己将要实施的环境违法犯罪的处罚幅度，都是很困难的，其中所涉及的信息成本、时间成本可能十分高昂，单个环境违法犯罪人难以形成与客观的处罚概率和处罚强度相一致的处罚概率与可能的处罚幅度的主观认知。通过调查问卷我们发现，普通行为个体对环境案件客观的处罚概率和处罚幅度的认知度比较低。因为实际调查中很难确定潜在环境违法犯罪人的样本群体，只能通过普通行为个体对客观的处罚概率和处罚幅度的认知度，来推断环境潜在违法犯罪人对客观的处罚概率和处罚幅度的认知度。我们发现，涉及“根据《水污染防治法》，对采取暗管向河流排放污水的行为，应当行政罚款多少元?”问题，回答正确率为 20%；涉及“污染环境罪的最高法定刑是多少?”问题，回答正确率为 22%；涉及“环境犯罪被实际处罚的概率是多少? 每 10 个环境违法行为中有多少能够被发现并实际受到处罚”问题，基本没有一致性认识。

但是，由于处罚认知的有限性，潜在环境违法犯罪人可能无法准确认知客观的处罚概率和处罚强度，也无法与客观的处罚概率和处罚强度的变动保持一致，这使处罚威慑功能的实现受到很大的局限。想实现处罚的威慑功能，要通过环境法实施政策的调整达到环境治理的目标，环境执法、司法部门不仅要重视所提供的处罚具有确定性、严厉性，同时要重视潜在环境违法犯罪人的处罚认知对威慑实现的影响。处罚认知的有限性是一种客观现实，环境法实施的策略必须建立在这一客观现实情况之上。处罚认知的有限性对环境法的实施有两个方面的启示，一个是要减少处罚认知的有限性，再一个是基于处罚认知的有限性确立和实施处罚策略。

潜在环境违法犯罪人之所以在处罚认知过程中容易产生错误的认知，是因为处罚认知涉及的内容过于复杂，潜在环境违法犯罪人难以承受巨大的信息成本，转而寻求一种简便、成本低廉的认知方法。因此，在减少环境处罚认知有限性方面，最重要的是要消除可能影响环境处罚认知的困难或障碍，降低处罚信息成本，使潜在环境违法犯罪人易于接收到处罚信息，并作出较为准确的主观评估。做到这一点，较为重要的是保持环境处罚主体部门与潜在环境违法犯罪人之间处罚信息交流的有效性。作为信源的环保部门、公安部门或法院要提供明确的、易于潜在环境违法犯罪人接收的环境处罚信息。环保部门、公安部门或司法部门要建立起有效的环境处罚信息传递通道，使潜在环境违法犯罪人易于接触到相关环境处罚信息。这样，可以有效地减少或防止环境处罚信息传递过程中的失真现象，从而提高环境处罚认知与客观环境处罚信息的一致性。减少环境处罚认知有限性，相关政府或司法部门主要应做好以下几个方面的工作。

一、相关政府或司法部门要重视不同种类环境违法犯罪的处罚概率与环境处罚强度信息的收集、整理工作

有关政府和司法部门从事的是环境违法犯罪案件的侦破、起诉、审判以及环境法实施政策制定等工作，有便利的条件接触、积累环境处罚信息，也有专业人员能够甄别、整理相关环境处罚信息，在收集、整理的基础上能够分门别类地产生较为准确的处罚概率与环境处罚强度的数据，这些数据不仅对本部门的职能工作有重要的价值，对通过环境处罚威慑实现环境法实施政策的目标也是非常关键的，它们可以大幅度地降低潜在环境违法犯罪人收集、甄别、整理环境处罚信息的成本或难度，易于使潜在环境违法犯罪人产生正确的环境处罚认知。当然，这些环境处罚信息必须是简明、易用的，建议相关部门成立专人负责的工作室，专门收集、整理本地区的环境违法犯罪活动数据，定期发布研发报告，使数据反映客观真实的环境违法犯罪活动现状，并在报告中明

确处罚概率与环境处罚强度等重要的信息数据。如果相关部门主动地做出环境法实施政策的改变,如提高或降低处罚概率或环境处罚强度,相关部门也要及时地予以公示。

二、建立综合的环境处罚信息门户网站

在资讯发达的网络时代,通过互联网可以使信息快速地进行交流,潜在环境违法犯罪人也可以便利地定位、查找自己所需要的信息,这为解决环境处罚认知的成本问题提供了难得有效的途径。相关政府、司法部门可以联合建立综合的环境处罚信息门户网站,为潜在的环境违法犯罪人提供全面、准确的环境处罚信息数据。

在所提供的环境处罚信息数据里应当主要包含以下几类:(1)整体的环境法实施政策和分门别类的具体环境违法犯罪的处罚政策。(2)环境违法犯罪形势和针对环境违法犯罪治理措施的分析研究报告。(3)环境保护部门有关环境行政违法行为的破案率和处罚强度。(4)公安部门针对某一类环境犯罪所投入的人力、物力和破案率。(5)法院针对某一类环境犯罪的处罚概率和环境刑罚强度,所有的已审定案子的判决书等。在这些环境处罚信息中,最为关键的是跟环境违法犯罪决策密切相关的破案率、处罚概率和环境处罚强度等信息。

三、法院量刑的规范化

从前边的分析可以看到,环境处罚威慑实现的难点之一在于潜在环境犯罪人无法获得针对个案的环境处罚强度信息,其问题的症结在于法院的量刑模式。长期以来,由于缺乏具体量刑指南的导引,人民法院对个案的量刑模式通常就是一个"综合估量式"的量刑流程,即审判人员在定罪以后,参考法定刑幅度和类似已处理案件的量刑经验,大致估量出该案的基础刑期,再结合本案中的法定、酌定情节,综合估算出一个刑期。这种基于个别法官主观量刑经

验的“综合估量式”的量刑流程，很容易在不同的法官之间、不同的法院之间形成量刑的差异，很难形成一个在时间上具有连续性和在地域上具有统一性并能够适用于不同个案的量刑标准。为了实现环境刑罚的威慑，法院量刑改革的目标是能够形成一个连续一致、简洁明了的量刑标准，使潜在环境犯罪人能够较为准确地估算将要实施的环境犯罪可能受到的环境处罚强度。我们可以看到，最高人民法院正在推行的旨在提高科学性的量刑规范化改革，以一种公式化的方式计算刑罚，将有助于减少处罚认知有限性问题。

另外，处罚认知有限性是一种由违法犯罪决策环境复杂性、有限的人类认知能力所决定的客观事实，它也不可能通过采取某些措施而被彻底消除，一种正确的做法是，环境处罚策略的制定和实施可以利用处罚认知有限性，这样可使环境法实施效果更加符合实际情况，也更加有效率。

第五节　行为法经济学的局限

行为法经济学在理性模型的基础上引入众多心理因素，能够通过理解人类行为和决策过程，提高预测的质量，填补理性理论预测和实际违法犯罪行为之间的间隔。但行为法经济学分析并不能替代传统法律经济分析，而是一种补充。行为法经济学作为一个完整的理论来解释违法犯罪行为和为法律政策制定与实施提供参考，还有其局限性，其主要原因如下：

一、没有形成内在逻辑一致的理论

行为经济学批评新古典经济学脱离实际，忽视当事人现实的决策模式，从而无法有效解释经济现象。甚至有些人认为，违法犯罪分子并不像效用最大化者一样行动，其天生是非理性的。[1] 传统经济模型的预测性是不准确的，它

① Robinson P.H., Darley J.M., “Does Criminal Law Deter? A Behavioural Science Investigation”, *Oxford Journal of Legal Studies*, Vol.24, No.2.(2004), pp.173-205.

的规范性倡议也应当被完全放弃，或至少进行实质性的改变。[①] 但现在还不能说，行为犯罪经济学能够完全替代传统犯罪经济学，至少现在还不具备这种颠覆性影响。虽然行为法经济学在原有经济模型中引入了各种心理因素，使经济分析与预测能够与现实保持一致，增强了经济模型的解释力，但行为法经济学所提出的实证和实验的研究结果较为分散。行为决策模型引入了众多的心理学因素，不同的决策模型具有不同的背景，所包含的心理因素也是不同的，这就使行为法经济学很难形成一种具有内在逻辑一致性的理论。行为法经济学系统性的缺陷，在于缺少一种能够包含所有关于人类行为思想的统一心理学理论。[②] 而传统法律经济学，在新古典经济学基础上，通过效用最大化、均衡和效率建立了较为完整的有关违法犯罪与处罚行为的理论框架，并使这种经济分析能够得以实证，其理论的解释力，特别是在宏观方面的解释力，还是非常具有生命力的。传统法律经济学是较为简洁的，但能够确保一些基本因素之间的逻辑关系更为清晰，能够为环境法实施规范分析和环境处罚的实施政策提供具有较强洞察力的工具。行为法经济学在理性违法犯罪行为的基础上引入了很多的心理学事实，丰富了违法犯罪行为模型的内容，但其代价可能使行为模型丧失易用性，行为模型的易用性能够允许结果可被验证，易用性的丧失使模型的检验变得复杂。所以，行为法经济学要解决宏观均衡问题还是非常困难的。而环境法实施政策的制定和实施是一个较为宏观的问题，这样，只能提供局部事实解释方案的行为法经济学，对环境法政策的制定与实施的应用价值具有局限性。

---

① Robinson P.H.,“Role of Deterrence in the Formulation of Criminal Law Rules: At Its Worst When Doing Its Best”, University of Pennsylvania Carey Law School, Faculty Scholarship at Penn Law, (2003).

② van Winden, Frans,“On the Behavioral Economics of Crime”, *Review of Law & Economics*, Vol.8, No.1.(2012), pp.181-213.

二、认知偏见效应相互冲突或抵消

在很多情况下，不同类型的认知偏见之间的效应可能是相互冲突的或相互抵消的，以至于使行为法经济学不能够产生明确的结论，减损对法律实施政策的应用价值。综合考虑乐观主义偏见对法律实施政策的不同意义，就可以发现存在相互抵消的效应。乐观主义偏见导致潜在违法犯罪人低估违法犯罪行为的处罚概率，同时，也会引起潜在违法犯罪人高估违法犯罪的预期收益。这两种效应是相互强化的，会误导潜在违法犯罪人实施更多违法犯罪。针对上述的认知偏见效应，法律实施政策应当做出的调整是提高制裁的严厉程度或处罚概率。但是，乐观主义偏见在引起潜在违法犯罪人低估处罚概率、高估违法犯罪收益的同时，也会引起潜在违法犯罪人在规避或反侦查方面的松懈或减少资源投入。这会使违法犯罪分子更容易被侦获，相应地提高了处罚概率，会部分抵消低估处罚概率、高估违法犯罪收益的效应。映射偏见本身存在一个相互抵消的效果。映射偏见指的是行为人倾向于高估他人会像自己一样去实施行为。这样，映射偏见会引起守法的人相信比实际情况存在更多的守法行为，这可能会强化行为人遵守法律规范的行为趋向，使合法行为人更加不会实施违法犯罪行为。映射偏见也会引起违法犯罪分子本人相信比实际情况存在更多的违法犯罪行为，这可能会强化行为人违反法律规范的行为趋向，使违法犯罪分子更多地去实施违法犯罪行为。守法者的映射偏见会引起违法犯罪数量的降低，违法犯罪人的映射偏见会引起违法犯罪数量的提高。这样，总的来说映射偏见将不会改变总违法犯罪数量，法律实施政策的威慑效果将不会受到影响。

可得性启示偏见与框架效应之间，存在相互冲突的效应。有关可得性启示偏见的研究表明，行为人在评估不确定性事件的发生概率时，总是将评估建立在那些突显的或难以忘记事件的基础之上，也就是说，人们倾向于系统化地高估突显的或难以忘记事件的发生概率。体现在法律实施政策上，政策制定者或实施者应该使司法过程和裁决结果更加可观察得到，以增加潜在违法犯罪人对处罚概率的认知，从而提高处罚威慑效果。这也意味着，政策制定者或实施者应该释放更多的有关执法司法程序和裁判结果的信息，使处罚在潜在违法犯罪人主观印象中变得突显或难以忘记。与可得性启示偏见效应相冲突的，是框架效应中行为人对模糊的厌恶态度。行为经济学研究表明，尽管人们厌恶风险，但更加让人厌恶的是模糊。例如，在50%中奖率和0到100%中奖率的博彩之间进行选择，人们会系统化地选择前者，尽管前者也存在风险，但比后者要明确得多。模糊厌恶应用到处罚威慑中，意味着政策制定者或实施者应当尽量少释放有关惩罚概率的信息，以增强处罚的模糊性，提高处罚的威慑效果。有些人就主张，一个最优的法律系统要尽可能地掩盖处罚概率。① 可得性启示偏见的效应是释放处罚信息，而模糊厌恶要求掩盖处罚信息，这使人们对行为法经济学的理论解释力产生怀疑，降低了它的应用价值。

三、理论的不明确性

为了产生准确的预测效果，一个经济理论所包含的术语必须具有精确的含义。然而，行为经济学当中的一些术语正处于理论化过程中，其含义并不精确。行为经济分析可能导致不准确的或无法令人信服的结论，对政策制定者来说，其价值具有局限性。行为经济学具有不明确性的例子，可以从前景理论中找到。首先是参照点的确定问题。在确定了参照点以后，前景理论的预测性是较为清晰和准确的。但是，参照点是如何确定的，现在还远没有搞清楚。前景理论认为，参照点不仅与行为人当前的地位一致，它受到强烈的愿望、期待、社会规范和社会比较的影响。参照点的确定将是一项非常棘手的任务。即使人们可以通过实验和经验观察确定一些参照点，现在的参照点确定也缺

① Harel A., Segal U., "Criminal Law and Behavioral Law and Economics: Observations on the Neglected Role of Uncertainty in Deterring Crime", *American Law and Economics Review*, Vol.1, No.1. (1999), p.304.

少一般性的、明确的标准，从而不可能使前景理论从实验室走出来，对法律政策的制定和实施提供有价值的建议。在人们可以恰当地利用前景理论来模型化违法犯罪行为决策之前，还有很多的东西要加以研究。①

再一个就是对不确定性的态度问题。前景理论针对人们对损失概率的态度问题，没有形成一个完整的描述。前景理论的一个关键发现是，损失评估时，人们的行为倾向于风险喜好。另外一个发现是，损失概率的大小将影响人们对不确定性的态度。更加具体的是，人们有关损失的风险喜好主要体现在损失概率相对较高的领域，在损失概率相对较低的领域，人们倾向于表现出的态度是风险厌恶。尽管很多的行为经济学文献已经论证了不同确定性水平可能的细微差别，但仍然没有提供一个有关界分损失厌恶领域和损失喜好领域的完整而明确的解释。由此，在一些特定情况下，无法明确判断行为人处于损失概率相对较高的领域，还是处在损失概率相对较低的领域，也就无法判断他们的风险态度偏好。这表明了行为经济分析会导致不明确性。将前景理论应用于处罚威慑上，也会存在同样的问题。在人们表现出风险喜好的较高处罚概率与表现出风险厌恶的较低处罚概率之间，如果不提出一个具有明确分界线的理论，政策制定和实施者就无法判断潜在违法犯罪人对处罚风险的态度偏好。执法、司法的实践也显示，由于处罚概率在不同的违法犯罪之间变化剧烈，这里也不可能提出一般性的理论能够确定潜在违法犯罪人所处于的处罚概率高低的领域。由此，前景理论对于法律政策的制定和实施的参考价值具有局限性。

① Teichman D.,"Optimism Bias of the Behavioral Analysis of Crime Control",*University of Illinois Law Review*,Vol.2011,No.5.(2011),p.1702.

第六章　环境法实施的社会规范路径[1]

环境违法或守法的主要动因包括两个方面:一个是经济动因,再一个就是环境社会规范(广义的环境社会规范还包含环境个人道德)的遵守。从行为动因角度出发,环境治理的路径主要有两个:一个是强化环境法的实施,不仅要追求环境法实施的有效性,还要追求环境法实施的效率,即成本的最小化;再一个就是社会规范路径。由于执法、司法资源的有限性,环境法律实施的触角不可能是无处不在的,很多情况下环境行为的决策是在环境法律实施的视线之外进行的。大多数情况下,环境法律实施的有效性取决于行为人在未被发现和无法被察觉的情况下的遵守环境法的行为。要确保社会全员环境守法,还要依赖于环境社会规范、个人环境道德对不正当环境行为的约束作用。而环境社会规范、个人环境道德是无处不在的,在有些情况下,环境社会规范、个人环境道德对环境行为的约束作用,是强制性法律手段无法替代的。同时,环境法律实施的成本可能是非常高昂的,而环境社会规范、个人环境道德的遵守不需要太多的成本。通过环境社会规范、个人环境道德来促进环境法的遵守,无疑会降低环境法实施的成本,提高环境法实施的效率。

---

① 本部分内容曾发表于《中国人口·资源与环境》2016年第11期。

当下环境治理措施更多诉诸经济的、行政的和法律的手段,却忽视了社会规范的作用。实际上,社会规范在协调人类的事务中扮演了重要的角色①,会对包括环境行为在内的人类行为产生重要的影响。同时,社会规范实施的成本较为低廉,在法律手段没有或不便触及的领域也能够有效发挥作用。可以说,通过社会规范路径治理环境具有不可替代的优势。更为重要的是,社会规范路径和环境法路径可以相互作用、相辅相成,共同促进人们的环境守法行为。在一个社会里,如果多数成员能够遵守环境社会规范和环境个人道德,这个社会的环境守法状况也将是良好的,甚至在有违法正收益或在没有执法监管的情况下,社会成员也会自觉遵守环境法。可以说,环境社会规范对环境守法和环境治理的促进作用具有不可替代的优势。本书对环境社会规范理论和实践问题作一些梳理和探讨,期望对中国的环境法实施和环境治理提供一些有意义的借鉴。

第一节 社会规范的种类及其作用机制

迄今为止,社会规范在理论上并没有形成一个统一的、界定清晰的定义。埃里克森认为,社会规范是由社会力量发布的规则,其意味着行为既是常规的,也是人们应当模仿以避免受惩罚的。② 郑晓明等人认为,社会规范是指特定社会群体成员共有的行为规则和标准,其可以因外部的制裁或奖励而发生作用,也可以内化成个人意识,即使没有外来的激励也会被遵从。③ 麦克亚当斯认为,社会规范是指个体因为内在化了的责任感或者因为害怕外在的非法

① [美]埃里克森:《无需法律的秩序:邻人如何解决纠纷》,苏力译,中国政法大学出版社2003年版,第179页。

② [美]埃里克森:《无需法律的秩序:邻人如何解决纠纷》,苏力译,中国政法大学出版社2003年版,第153—154页。

③ 郑晓明、方俐洛、凌文辁:《社会规范研究综述》,《心理科学进展》1997年第5期。

律制裁,或兼而有之,感觉有义务去遵守的非正式社会常规。[①] 虽然不同的学者对社会规范界定的侧重点有所不同,但可以看出,社会规范具有以下几个属性:其一,社会规范是一种行为规则或标准,它既可以是一种具体的行为常规,也可以是一些抽象的原则或规则;其二,社会规范的执行以非正式制裁为保障,既可以诉诸社会制裁或奖励,也可以诉诸个体内在的义务感或者自我制裁、奖励;其三,社会规范具有普遍性,是一种社会群体内多数人认同的行为规则。

根据埃里克森的定义,社会规范是一些由社会制裁或奖励予以保障执行的行为规则,也包括具体的行为常规。而根据麦克亚当斯等人的定义,社会规范不仅包括由社会制裁或奖励予以保障执行的行为规则,也包括一些内在化了的社会规范并由个体自我制裁或奖励予以保障执行的行为规则。这样,一般意义上,可以将社会规范分为广义的社会规范和狭义的社会规范。狭义的社会规范可分为描述性规范和命令性规范。广义的社会规范除了描述性规范和命令性规范外,还包括个人规范。尽管人们对社会规范的定义是千差万别的,但社会规范一般仅涉及两方面的问题:一是人们平常做什么,即常规性的行为是什么;二是人们应当做或不应当做什么,即社会予以奖励或制裁的行为是什么。[②] 描述性规范指出特定社会群体中大多数人实际上在做什么。命令性规范涉及特定社会群体中大多数人反对或赞成何种行为。例如,在一个社区中,大多数人都将垃圾扔入垃圾桶,这是一个描述性规范;大多数人都赞成将垃圾扔入垃圾桶或反对乱扔垃圾,这是一个命令性规范。个人规范既是一种体现了内在化价值的义务担当,也是一种实施特定行为的义务感。[③] 个人

---

① Mcadams R.,"The Origin, Development, and Regulation of Norms", *Michigan Law Rev*, Vol. 96, No.2.(1997), pp.338-433.

② Cialdini R.B., Reno R.R., Kallgren C.A., "A Focus Theory of Normative Conduct: Recycling the Concept of Norms to Reduce Littering in Public Places", *Journal of Personality & Social Psychology*, Vol.58, No.6.(1990), pp.1015-1026.

③ Schwartz S.H., "Normative Influences on Altruism ", *Advances in experimental social psychology*, Vol.10.(Jan., 1977), pp.221-279.

规范是指“做正确事情”的内在道德倾向或义务感，类似于道德规范，其建立在内在化的价值基础之上，是个体自我坚守的行为标准或规则。个人规范的遵守或违反会使行为个体产生愉悦或内疚，愉悦感可以视为自我奖励，内疚可以视为自我制裁，自我奖励或自我制裁构成个人规范得以执行的保障。

社会规范的具体表现形式不同，其对行为的作用机制也不同。描述性规范影响行为的作用机制类似于社会从众心理，人们多数情况下会参照社会上大多数人的实际行为而行事，即大家做什么，我就做什么。一般说来，在一个特定的社会情境中，人们面临规范行为选择时，往往会下意识地搜寻描述性规范作为自己行为的指引。① 而在一个特定的社会情境中，获得描述性规范信息还是比较容易的。例如，在一个多数游人随手丢弃垃圾的情境中，行为个体很容易获得“大家都随手丢垃圾”的描述性规范信息。即使行为个体没有看到大多数人在乱扔垃圾，他也会从满地是垃圾的场景中获得“大家都随手丢垃圾”的描述性规范信息，特定的场景隐含着特定的信息。一般来讲，行为个体会依描述性规范做出行为选择，因为参照社会上大多数人的行为而行事往往是最为合理、最为安全的行为选择。② 行为个体依描述性规范而行事无须进行价值判断，无须进一步思考是不是社会赞成或反对的行为，甚至也无须考虑社会制裁问题。这意味着描述性规范对行为的影响是直接的，也意味着对行为的影响是较为强有力的。

命令性规范影响行为的作用机制，在于外在的社会制裁或奖励促使人们选择某种行为。与群体中大多数人赞成或反对的行为保持一致，是个体成员

① Nolan J. M，，Schultz P. W.，Cialdini R. B.，et al.，“Normative Social Influence is Underdetected”，*Personality and Social Psychology Bulletin*，Vol.34，No.7.（2008），pp.913-923.

② Falzer P.R.，Garman D.M.，“Contextual Decision Making and the Implementation of clinical Guidelines：an Example from Mental Health”，*Academic Medicine Journal of the Association of American Medical Colleges*，Vol.85，No.3.（2010），pp.548-555.

较为重要的行为准则，个体如果违反这个准则，会受到社会的制裁。[1] 这里的社会制裁是非正式的，包括谴责、放逐（被多数人不理睬）、不合作等。遵守命令性规范的激励在于人们可以从中获取期待利益，包括精神的期待利益、物质的期待利益。人是社会动物，期望获得群体的认可和尊重，做群体中大多数人赞成的行为、不做群体中大多数人反对的行为，是获得群体认可和尊重的底线。再一个，遵守命令性规范是行为个体向其他人发出的合作意愿信号[2]，遵守规范的目的在于行为个体希望保留与他人达成未来合作的机会并从中获得期待利益。命令性规范本质上反映着大多数人的价值判断趋向，其对行为的作用力大小取决于群体中赞成或反对特定行为的人数。首先，群体中赞成或反对特定行为的人数必须是大多数的，也只有在这种情况下，谴责、放逐、不合作才能视为一种社会制裁，并形成一种足以影响行为选择的非正式强制力量。少数人的谴责、放逐、不合作所体现的非正式强制力非常有限，不足以影响个体的行为选择，它也不能视为一种社会制裁。如果一种命令性规范是群体中少数人赞成或反对的，由于失去了社会制裁的保障，这种命令性规范也就名存实亡了。

个人规范涉及“做正确事情”的内在道德倾向或义务感，其影响行为的作用机制也是内在化了的。个体遵守个人规范的意愿不是建立在对社会制裁的担心之上。而是建立在避免违反个人规范可能产生的负面自我情感体验之上。这些负面自我情感体验包括内疚、羞耻、后悔等，其又产生于违反个人规范所引起的自我价值感的降低或人格、自尊的贬损。内疚、羞耻、后悔等负面自我情感体验可以视为一种自我制裁，行为个体避免自我制裁成为遵守个人规范的动因。由于个人规范是一种“做正确事情”的内在道德倾向或义务感，

---

① White K.M., Smith J.R., Terry D.J., et al., “Social Influence in the Theory of Planned Behaviour: The Role of Descriptive, Injunctive, and In - group Norms”, *British Journal of Social Psychology*, Vol.48, No.1.(2009), pp.135-158.

② ［美］波斯纳：《法律与社会规范》，苏力译，中国政法大学出版社 2004 年版，第 9 页。

其由内在的自我制裁予以保障实施，因此，个人规范往往以一种自律的方式影响个体行为，其作用力较为持续、稳定。

在社会实际生活中，(狭义)社会规范和个人规范是相互联系、相互影响的。当受描述性规范影响的时候，人们可能在一个较长时期内重复实施一种行为。由于人类具有使价值判断、信念与行为趋向一致的行为心理，或者说价值可以影响行为，行为也可以影响价值，重复实施某种行为会改变个体对某种行为的评价、看法或信念。这有利于使描述性规范转化为个人规范。以社会制裁为实施后盾的命令性规范，如果长时间地影响个体的行为，也会使命令性规范内化为个人规范。当强有力的个人规范生成时，人们会相应地试图将个人规范适用于其他的人，并通过社会制裁期望他人选择和个人规范相一致的行为。个人规范的存在，是行为个体制裁他人的内在动因。当有关某一行为的个人规范较为普及时，违反这一行为的命令性规范所引起的社会制裁也会较为强烈。这保证了命令性规范实施的有效性。在一个社会里，如果社会规范和个人规范趋于一致并且被激活的水平都较高，这个社会肯定是秩序良好的社会。

第二节　社会规范的激活理论

社会规范的激活是指社会规范对人们的行为选择开始产生影响，或者说人们开始适用社会规范，来指引自己的行为。社会规范只有被激活以后，才能对社会个体的行为产生规范作用。政府相关部门可以通过激活环境社会规范，来促进环境友好行为的实施，从而实现环境社会规范对环境治理的积极作用。有关环境社会规范激活的理论，主要包括规范焦点理论、价值—信念—规范理论、计划行为理论。

一、规范焦点理论

查尔迪尼等人在1990年提出了一个有关社会规范激活的规范焦点理论，该理论强调只有当个体行为人将注意力聚焦到社会规范上时，社会规范才能被激活并对行为产生规范作用。① 规范焦点理论对于环境治理的意义是，政府相关部门可以通过操控个体的社会规范注意焦点，而使环境社会规范激活并对人们的行为产生积极影响。操控个体注意力聚焦于环境社会规范的方式主要有三种：其一，是通过行为示范而使个体聚焦于相应的社会规范。例如，在一个洁净的环境中，使个体看到有人在捡垃圾，就可使个体的注意力聚焦于"不应该乱丢垃圾"的命令性规范并使该规范被激活。其二，是通过使用不同的句式引起注意。例如，一般意义上，使用否定陈述语句的社会规范比使用肯定语句的社会规范更容易成为注意焦点。"禁止乱扔垃圾"比"请将垃圾扔到垃圾桶"更容易成为注意焦点，"禁止乱扔垃圾"的命令性规范更容易被激活。其三，通过投递信息而使个体聚焦于相应的社会规范。例如，向单个住户投递小区平均用电数据，可以使单个住户将注意力集中到"多数人都在节约用电"的描述性规范上，这样，节约用电描述性规范被激活。通过操控个体的注意力而激活环境社会规范，是一种便捷而成本低廉的引导环境友好行为的措施，但这样的措施仅对一些难度不大、成本较低的环境友好行为才有效。

规范焦点理论的一个重要发现是，在一个特定社会情景中，当描述性规范与命令性规范并存时，个体会优先适应描述性规范。在一个特定社会情景中，群体中大多数人的行为很容易因为行为示范而成为个体的注意焦点，因此，描述性规范更容易被激活。从认知的角度讲，有的人认为描述性规范和命令性规范信息的接收，需要调用个体行为动机系统中不同的认知资源，人类对仅涉

① Cialdini R.B., Reno R.R., Kallgren C.A., "A Focus Theory of Normative Conduct: Recycling the Concept of Norms to Reduce Littering in Public Places", *Journal of Personality & Social Psychology*, Vol.58, No.6.(1990), pp.1015–1026.

及事实判断的描述性规范信息的处理要比涉及价值判断的命令性规范信息处理快得多。[①] 也可以说,描述性规范信息的处理要比命令性规范信息处理更加容易,更加节省成本。因此,大多数情况下,个体的行为更容易受到描述性规范的影响。在环境描述性规范与环境命令性规范并存的情况下,当二者相一致或都支持同一行为时,环境社会规范对环境行为的作用最强。研究者已经证实,当描述性规范和命令性规范一致时,即行为人相信某一行为是其他人通常做出的,并且相信这一行为也是被其他人所赞成的,行为人更加可能实施这种行为。当描述性规范和命令性规范都支持某种行为时,该种行为出现的频率是最高的。[②] 有时候,环境描述性规范和命令性规范会存在冲突,即二者并不支持同一行为。比如,在一个乱扔垃圾的环境中,存在一个大多数人都乱扔垃圾的描述性规范,也存在一个禁止乱扔垃圾的命令性规范。此时,描述性规范支持乱扔垃圾,命令性规范支持不乱扔垃圾,二者存在冲突。在这种情况下,即使存在一个环境命令性规范,当其与环境描述性规范并存时,个体也会优先适应环境描述性规范,因为个体的注意力更加容易聚焦于描述性规范。心理学实验证实,在描述性规范和命令性规范存在冲突的时候,行为人会更多地受到描述性规范的影响,或者说,描述性规范对行为的影响要强于命令性规范对行为的影响。[③] 有的研究证实,描述性规范和命令性规范的冲突会导致行为意愿下降,削弱了社会规范在提高环境友好行为意向方面的效果。[④]

---

① Deutsch M., Gerard H.B., "A Study of Normative and Informational Social Influences upon Individual Judgement", *The Journal of Abnormal and Social Psychology*, Vol. 51, No. 1. (1955), pp.629-636.

② Gockeritz S., Schultz P.W., Rendot T., et al., "Descriptive Normative Beliefs and Conservation Behavior: The Moderating Roles of Personal Involvement and Injunctive Normative Beliefs", *European Journal of Social Psychology*, Vol.40, No.3. (2010), pp.514-523.

③ Manning M., "The Effects of Subjective Norms on Behaviour in the Theory of Planned Behaviour: a Meta-analysis", *British Journal of Social Psychology*, Vol.48, No.4. (2009), pp.649-705.

④ Smith J. R., Louis W. R., Terry D. J., et al., "Congruent or Conflicted? The Impact of Injunctive and Descriptive Norms on Environmental Intentions", *Journal of environmental psychology*, Vol.32, No.4. (2012), pp.353-361.

二、价值—信念—规范理论

施瓦兹在 1977 年提出了一种个人规范激活的理论框架,其目的在于研究社会环境中利他行为意向或利他行为。施瓦兹的个人规范激活理论包括三个部分,即不利后果的认知、个人责任的归因和个人规范的激活。不利后果的认知是指个人认识到某种行为较为确定的不利后果。个人责任的归因是指个人能够认知不去实施某种行为能够避免不利后果的发生。施瓦兹认为,不利后果的认知和个人责任的归因触发或激活了个人规范,从而决定了行为人选择不实施有害行为来避免危害结果的发生。① 1999 年,斯特恩将价值理论和个人规范激活理论相结合,提出了价值—信念—规范理论并将其运用到环境友好行为的研究中。他认为,人们拥有生态主义的世界观或价值观、能够认识到污染环境行为的不利后果、能够将危害环境的不利后果的避免归因于环境友好行为,这三个方面相互影响并决定环境个人规范的激活或者使个体产生了环境保护的义务或责任感,最后,决定了个人具有环境友好行为意向或实施环境友好行为。②

价值—信念—规范理论提出后,被广泛运用于环境友好行为的研究,理论也不断地得到证实和扩展。例如,德格鲁特等人的研究证实,在环境友好行为意向和环境不利后果的清醒认识、个人环境责任的归因、个人环境规范遵守之间存在着较为确定的因果联系,规范激活理论用来解释环境友好行为有着充分的经验证据。③ 里佩尔和凯尔的研究证实,环境价值影响着新的环境认识

① Schwartz S.H.,"Normative Influences on Altruism ",*Advances in experimental social psychology*,Vol.10.(Jan.,1977),pp.221-279.

② Stern P.C.,Dietz Z.T.,Abel T.,et al.,"A Value-belief-norm Theory of Support for Social Movements:the Case of Environmental Concern", *Human Ecology Review*, Vol. 6, No. 2. (1999), pp.81-97.

③ De Groot,J.I.M.,Steg,L.,"Morality and Pro-social Behavior:the Role ofAwareness,Responsibility,and Norms in the Norm Activation Model", *Journal of Social Psychology*, Vol. 149, No. 9. (2009),pp.425-449.

范式，进一步影响着责任的归因，再进一步影响着个人规范，最终决定着个人环境友好行为的实施。① 斯特恩等人仅证实了在一个紧密的社会群体内且不存在行为成本压力的情况下，价值—信念—规范理论才是有效的。麦克尔进一步论证了，即使在一个松散的社会群体内且存在行为成本压力的情况下，个人规范也能被激活，不过需要更为严格的条件。他认为，具体的环境个人规范（例如，不在后院焚烧垃圾）的激活取决于三个方面：其一，环保信息能否使个体相信个人行为的集合引起了某一个环境问题；其二，环保信息能否使个体相信引起某一环境问题的个人集合行为的减少能够改善这一环境问题；其三，个体相信其他人已经做了他们应当作的公平分摊的那一份。②

价值—信念—规范理论强调了生态价值观对于环境友好个人规范激活的作用。斯特恩认为，生态主义的价值观直接影响环境不利后果的认知，最终决定着环境友好个人规范的激活，而自利的价值观不利于环境友好个人规范的激活。③ 生态价值观主要跟三类价值取向相关，即生物圈平衡、利他主义和自利主义。生物圈平衡、利他价值观的确立有利于形成生态主义价值观，对环境友好个人规范的激活产生积极影响。单纯的经济自利价值观（为了追求经济利益而不顾生态平衡、不顾他人或他代环境利益）与生态价值观相冲突，不利于环境友好个人规范的激活。价值—信念—规范理论，也强调了环保信息的全面性、具体性、准确性对于环境个人规范激活的重要性。

三、计划行为理论

阿耶兹 1991 年在理性行为理论的基础上提出了计划行为理论，其目的在

① Riper C.J.V., Kyle G.T., "Understanding the Internal Processes of Behavioral Engagement in a National Park: a Latent Variable Path Analysis of the Value-belief-norm Theory", *Journal of environmental psychology*, Vol.38, No.3.(2014), pp.288-297.

② Michael P. Vandenbergh, "Order without Social Norms: how Personal Norm Activation can Protect the Environment", *Social Science Electronic Publishing*, Vol.99, No.3.(2005), pp.1101-1166.

③ Stern P.C., "New Environmental Theories: toward a Coherent Theory of Environmentally Significant Behavior", *Journal of Social Issues*, Vol.56, No.3.(2000), pp.407-424.

于研究社会规范对行为决策的影响，这实际上也是一种社会规范的激活理论。根据计划行为理论，首先决定行为选择的因素是行为的意向。某一行为的行为意向又取决于三个方面的因素：一是个体对行为的态度，主要是指个体对行为所持有的赞成或反对的态度及其程度；二是主观规范，即个体对来自于规范和习惯的社会压力（社会制裁）的认知；三是认知的行为控制，即个体所认识到能够在多大程度上自我控制即将选择的行为能够实现预期的目标。行为控制的认知可以视为行为个体对行为实施的难易程度的认知，行为实施的难易程度一般取决于行为的时间或金钱成本、障碍等。如果个体对行为的赞成程度越高，所感受到的社会规范压力越大，所认知的行为实现越容易，个体实施该行为的意向就越强烈。① 众多的实证研究证实，计划行为理论对于环境友好行为的解释和预测具有重要的价值。例如，研究发现，在旅游过程中，个人对环境保护的支持态度、主观环境规范和认知的行为控制增加了入住绿色旅游宾馆的意愿。他们也发现，如果旅客自信具有金钱能力和身体能力支持其绿色饭店的选择，他们就会形成较强的入住绿色饭店的行为意向。② 在资源回收行为的研究中，证实个体的态度、主观规范和认知的行为控制显著的、直接地影响了回收行为的意向，并由此触发实际的回收行为。③

计划行为理论在强调环境社会规范对环境友好行为影响的同时，也强调外在条件的约束对环境友好行为的影响，实际上说明了环境社会规范的激活受到外在条件的制约。如果一种环境友好行为的实施要付出大量的时间或承担较高的金钱成本或具有其他的难以克服的困难，行为个体就很难去遵守环境社会规范，这也跟社会规范非正式制裁力量的有限强制性密切相关。大量

---

① Ajzen I.,"The Theory of Planned Behavior", *Organizational Behavior And Human Decision Processes*, Vol.50, No.2.(1991), pp.179-211.

② Chen A., Peng N.,"Green Hotel Knowledge and Tourists' staying Behavior", *Annals of Tourism Research*, Vol.39, No.4.(2012), pp.2211-2216.

③ Chan L., Bishop B.,"A Moral Basis for Recycling: Extending the Theory of Planned Behavior", *Journal of Environmental Psychology*, Vol.36, No.3.(2013), pp.96-102.

的实证研究也揭示了当行为过于费力或成本过于高昂时,社会规范很少对行为产生实质的影响。①

上述三种理论从不同的角度阐述了环境社会规范激活问题。就(广义)环境社会规范激活来看,上述三种理论都是不可或缺的,它们之间存在着一种相互作用、相互影响的关系。可以说,整体环境社会规范激活水平取决于环境描述性规范、环境命令性规范、环境个人规范的激活水平以及外部约束条件。环境描述性规范、环境命令性规范激活水平的提高,有助于环境个人规范激活水平的提高,反之也是如此。如果仅强调环境描述性规范、环境命令性规范的激活而忽视环境个人规范的激活或者相反,整体环境社会规范的激活水平也会受到不利影响。如果外部条件制约严重,环境描述性规范、环境命令性规范和环境个人规范的激活水平都会降低。因此,在利用环境社会规范进行环境治理的实践中,要同时重视环境描述性规范、环境命令性规范、环境个人规范的激活以及外部约束条件的消除。

第三节　环境社会规范激活的障碍

环境社会规范能够对环境行为产生规范作用的前提,是环境社会规范处于较高的激活水平。由于中国的社会经济生活处于转型时期,社会规范也处于转换过程中,同时,受到客观物质生活条件的制约,中国环境社会规范的激活存在一些障碍,导致环境社会规范激活处于较低的水平。这实际上也决定了环境社会规范难以发挥对环境行为的规范作用,既不能有效地抑制环境不良行为,也不能有效地促进环境友好行为。中国环境社会规范激活的障碍,表现在以下几个方面:

---

① Abrahamse W., Steg L., "Factors Related to Household Energy Use and Intention to Reduce it: the Role of Psychological and Socio-demographic Variables", *Human Ecology Review*, Vol.40, No.3. (2011), pp.30-40.

一、环境消极描述性规范反向作用大

按照与命令性规范是否一致,可以将描述性规范分为积极描述性规范和消极描述性规范,与命令性规范保持一致的是积极描述性规范,与命令性规范保持不一致的是消极描述性规范。当下,环境污染的客观事实很容易成为注意的焦点,消极描述性规范总是较为容易被激活,对个体的环境行为产生不良影响。因此,大量的有关环境的消极描述性规范的存在,会显著地影响环境社会规范作用的发挥,这主要表现为以下几个方面:首先,消极描述性规范对环境行为的影响存在自我强化的趋势。当个体认识到大多数人都在实施某个污染环境的行为时,他也会实施这样的行为,而他的行为加大了污染环境行为的数量。这实际上又强化了消极描述性规范对行为的影响力,形成了一种恶性循环。其次,消极描述性规范会弱化命令性规范的作用。根据规范焦点理论,即使存在命令性规范,当命令性规范与消极描述性规范并存时,个体也会优先选择适用消极描述性规范。这样,消极描述性规范会挤占命令性规范对不良环境行为的制约作用。消极描述性规范会导致越来越多的人选择环境不良行为,而本身实施环境不良行为的人一般不会对他人的环境不良行为进行社会制裁。这样,导致社会制裁的力量越来越小,导致命令性规范对行为的影响越来越弱。再次,消极描述性规范会对个人环境规范的激活产生负面影响。一般来讲,环境价值可以影响环境行为,反过来,环境行为也可以影响环境价值。人们实施环境不良行为会阻碍生态价值观的形成,最终影响个人环境规范的激活。

二、环境个人规范激活水平低

根据价值—信念—规范理论,环境个人规范的激活取决于生态价值观的确立、对环境不利后果的认知、责任归因。通过对个体生态价值观确立、环境不利后果的认知、责任归因状况的考察,可以大体确定环境个人规范的激活水平。2014 年,环境保护部宣传教育司委托中国环境文化促进会进行了首次全国生态文明意识调查并出具了研究报告。根据该报告的数据和结论,我们可以判断出,当时中国环境个人规范的激活水平可能是比较低的。其基本的原因如下:首先,大部分国民的生态价值观还没确立。《全国生态文明意识调查研究报告》(以下简称《报告》)指出,受访者的生态价值观很大程度上还属于工业文明框架下的“以人为中心”“万物为人而存”的经济价值观,还没有树立起生态文明所倡导的“人与自然和谐相处和协调发展”的生态价值观。生态价值观的确立既要挣脱传统价值观的影响,又受制于现有社会物质生活条件。从经济价值观到生态价值观的转变,可能是一个较为缓慢的过程,这或许是大部分国民生态价值观没有确立的重要原因。其次,对环境不利后果的认知不准确。就价值—信念—规范理论来讲,个体对环境不利后果的认知越具体、越准确,越有利于环境个人规范的激活。而《报告》指出,受访者对生态文明知识的知晓度呈现出“高了解率、低准确率、知晓面广”的特征。例如,调查数据显示,受访者对雾霾的了解率达到 99. 8%,但能确切说出 $PM_{2.5}$的受访者只有 15. 9%。另外,受访者对 14 个有关生态文明知识的平均知晓数量为 9. 7 项,其中对 14 个知识均知晓的占 1. 8%。这说明,受访者对环境一般的危害后果的了解率比较高,但对一些具体的、分类的环境危害后果并不清楚。最后,责任归因错误。《报告》指出,受访者普遍认为政府和环保部门是生态文明建设的责任主体,具有较强的“政府依赖型”特征。调查数据显示,70%以上的受访者认为政府和环保部门对“美丽中国”建设负主要责任,排在第二位的企业占 15. 1%,排在第三位的个人仅占 12. 7%。这说明,个体对环境后果减轻的责任归因于政府和环保部门,而不是个人的行为。实际上,环境危害后果的减轻应该主要依赖个人行为的改变。

环境个人规范激活水平低,对环境友好行为的实施是非常不利的。这说明,即使个人会去实施一些环境友好行为,也并不是出于一种遵守个人规范的自觉行为,而是出于外在的经济利益的考虑或者规避法律的制裁。这样,环境友好行为很难保持持续性,一旦外在经济激励和法律制裁消失或暂时缺位,个人很容易去选择实施环境不友好的行为。环境个人规范激活水平低也意味着个人环境友好行为的水平低,社会中难以形成积极的环境描述性规范。同时,环境个人规范激活水平低,可能导致对环境不良行为的社会制裁缺少内在的动因,这也会大大减弱环境命令性规范的作用。

三、外部因素的制约突出

由于违反社会规范的制裁是非正式的,社会规范的强制力较为有限,规范行为往往容易受到外部因素的制约。社会规范激活的外部制约因素包括行为的成本、行为的技术障碍、行为的便利性等。行为个体一旦预测到行为成本较高或行为难度较大,很容易选择放弃社会规范的遵守。在涉及环境的领域,多数行为的成本较高或技术依赖性大,外部因素对环境规范行为的制约就更为突出。与西方发达国家相比,中国属于发展中国家,外部因素对环境规范行为的制约会更加突出。首先,国民对行为的成本比较敏感。在现阶段,中国国民的整体收入水平还不是很高,家庭财富还不是很富余,行为个体对行为的成本较为敏感,成本对环境规范行为的制约较为突出。其次,环境技术水平低。很多环境友好行为的实施依赖环境技术,环境技术水平低或缺乏,会阻碍个体实施规范行为。最后,中国的一些涉及环境行为的基础设施不健全,导致环境规范行为的实施较为不便,影响了环境社会规范的遵守。

第四节　政府促进环境社会规范激活应注意的问题

环境问题的根源在于人类的行为,无论是通过经济、行政或法律的手段,还是通过社会规范的手段,环境治理的基本思路是通过引导个体的环境友好行为来展开。由于社会规范能够对人的行为产生显著的影响,作为一种有效的社会管控的工具,政府也应当重视社会规范的作用。虽然社会规范是在社会互动过程中自发生成或产生作用的,但这并不表明人们只能对社会规范放任自流,政府相关部门可以采取积极措施,更加主动地促进环境社会规范的激活并使其发挥规范行为的作用。要使环境社会规范产生有效的作用,重要的是要提高环境社会规范的整体激活水平。当社会中大多数人的有关环境的描述性规范、命令性规范和个人规范都处于激活状态时,意味着环境社会的激活水平较为理想,环境社会规范就可以有效发挥其规范环境行为的作用。政府相关部门要提高环境社会规范的整体激活水平,并不是一朝一夕就能完成的事情,需要在一个较长时期内从点滴做起,逐渐提高环境社会规范激活水平。环境社会规范激活水平跟环境描述性规范、环境命令性规范和环境个人规范的激活以及它们之间的相互作用密切相关。政府相关部门可参考社会规范理论,采取相应的措施来促进环境社会规范的激活。

一、重视描述性规范信息的使用

根据规范焦点理论,当环境描述性规范和环境命令性规范一致时,环境社会规范对行为的影响力更为有效。政府相关部门在利用社会规范引导特定环境友好行为时,要尽量使有关该行为的描述性规范与命令性规范趋于一致。要发挥环境社会规范对环境友好行为的规范作用,当下较为关键的问题是降低环境消极描述性规范的激活水平,提高环境积极描述性规范的激活水平,其本质的问题是降低环境不良行为的实施水平,提高环境友好行为的实施水平。提高环境友好行为的水平,可以通过提高环境命令性规范和环境个人规范的激活水平来实现,在此强调的是一种简便的方法,即通过描述性规范信息的使用来提高环境友好行为的水平。

根据规范焦点理论,人们的行为很容易受描述性规范的影响。只要向特定的个体提供描述性规范信息,个体的描述性规范就有可能被激活。国外相关研究证实,在垃圾处理、垃圾循环利用、资源节约、绿色产品使用上,通过向行为个体提供描述性规范信息,就可以有效地提升环境友好行为的水平。例如,将印有同一社会居民正确处理垃圾分类的信息,连续四周挂在每户家庭的门把手上来进行信息干预。最后发现,与控制组相对比,被试组的垃圾回收参与比率和正确的垃圾回收量,比信息干预前有明显的提高。① 同样,将描述性规范信息(75%的顾客重复使用毛巾)和一般环境信息(如果顾客重复使用毛巾,每年将节约7万加仑的水)分别挂在不同宾馆房间的门把手上。事后发现,挂有描述性规范信息的房间,比挂有一般环境信息的房间毛巾的重复使用率提高了9%。② 这表明,只要将描述性规范信息传递给人们,就可以有效地促进垃圾回收利用行为。研究表明,如果同时利用描述性规范信息与命令性规范信息,比单独使用一种信息更能提高环境友好行为的水平。③ 政府相关部门要广泛地、长期地使用描述性规范信息,来提高环境友好行为的水平。随着环境友好行为水平的提高,描述性规范的影响力越来越大,社会规范会开启一种自我强化的过程,形成一种良性循环。

二、环境宣传教育要注重环境个人规范的激活

环境个人规范的激活对于环境描述性规范和环境命令性规范的激活具有重要的意义,政府相关部门要实现环境社会规范的作用,就要重视环境个人规范的激活。环境个人规范激活的主要途径是环境宣传教育。根据价值—信念—规范理论,环境友好个人规范的激活,是生态价值观确立、环境污染行为不利后果的认知、环境不利后果避免的归因三个方面相互影响的结果。生态

① Schultz P. W., "Changing Behavior With Normative Feedback Interventions: A Field Experiment on Curbside Recycling", *Basic & Applied Social Psychology*, Vol. 21, No. 1. (1999), pp.25-36.

② Goldstein N. J., Cialdini R. B., Griskevicius V., "A Room with a Viewpoint: Using Social Norms to Motivate Environmental Conservation in Hotels", *Journal of Consumer Research*, Vol.35, No.3. (2008), pp.472-482.

③ Wesley P.S., Azar M.K., Adam C.Z., "Using Normative Social Influence to Promote Conservation among Hotel Guests", *Social Influence*, Vol.3, No.1. (2008), pp.4-23.

价值观确立、环境污染行为不利后果的认知、环境不利后果避免的归因，都与环境信息的全面性、准确性密切相关。无论从社会层面，还是从个人层面来看，人类价值观的改变都始于人类社会所面对的社会危机和困境。社会危机越严重、社会困境越凸显，人类价值观的改变就越多。当下，人类社会所面对的环境危机和困境，是生态价值观得以确立的契机。但是，生态价值观确立的前提，是人们需要了解、反思人类社会所面对的环境危机和困境。这不仅是亲身感受环境危机和困境，还要从外界汲取更多的有关环境危机和困境的信息。环境污染行为不利后果的认知，需要接收充分的环境危害后果的信息。这些信息不仅包括大的生态系统层面上不利后果的科学数据，例如，气候变暖的程度、物种消失的速度、臭氧空洞的大小、雾霾的严重程度等，还包括一些具体危害后果的科学数据，例如，雾霾对人身健康的危害等。环境不利后果避免的归因，需要人们了解个人的行为是否能够或在多大程度上缓解环境危机和困境以及避免不利的环境危害后果，这也需要接收充分的有关这方面的信息。环境信息主要靠环境宣传教育进行传播，这决定了环境宣传教育对环境个人规范激活的重要性。

当下，我们国家对环境宣传教育是非常重视的，早在党的十八大报告中就明确提出：要加强生态文明宣传教育，增强环保意识、生态意识，营造爱护生态环境的良好风气。环境宣传教育的目的是提高公众对生态价值的认同程度、对环境知识的掌握程度、对环境问题的关注程度，来促进环境友好行为的实施。其实，这一理念和环境个人规范激活理论思想是基本一致的。但是，价值—信念—规范理论是建立在众多的实证研究基础之上的，其思想对环境宣传教育更具指导意义。我们应当强调环境宣传教育的主要目的，是通过生态价值的确立、环境信念的形成，最终激活环境个人规范，使公众的环境友好行为变为一种自觉的行动。环境宣传教育的主要内容，也应当围绕生态价值观确立、环境污染行为不利后果的认知、环境不利后果避免的归因这三个方面来进行。同时，环境宣传教育要为公众提供全面的、具体的、准确的环境信息。

三、降低遵守环境社会规范的难度和成本

外部约束条件是行为个体不遵守社会规范的重要原因,政府相关部门要促进社会规范激活的话,就要重视消除这些外部的约束条件,这主要包括以下几个方面:首先,为规范行为实施提供便利的条件。行为的种类不同,制约行为的外部条件不同,政府相关部门应具体分析制约特定行为的外部条件,采取相应的措施。例如,要促进"垃圾回收利用"的社会规范的遵守,政府相关部门就要提供垃圾分类的标准和以类别区分的垃圾箱;要促进"少开家庭汽车"的社会规范的遵守,政府相关部门就要提供便利的公共交通。其次,为规范行为实施提供技术支持。有些社会规范不被遵守,是因为规范行为的实施有难度,政府相关部门提供相关技术支持,降低规范行为的难度,可以促进规范的遵守。例如,要促进农民"不焚烧秸秆"的社会规范的遵守,政府相关部门就要提供秸秆处理的技术和方法。最后,降低规范行为实施的成本。有些社会规范不被遵守,是因为规范行为的实施会引起行为成本的增加。对于这类行为,降低行为成本将是有效的激活社会规范的措施。例如,大部分的农民收入水平低,对行为成本较为敏感,要促进农民"燃烧洁净煤炭"社会规范的遵守,有效的方法就是降低购买洁净煤炭的成本。政府相关部门降低规范行为成本,可以使用财政补贴、税收优惠、货币奖励等方法。

在社会规范形成或转化阶段,通过降低规范行为的难度和成本来引导个体实施行为对社会规范的激活具有重要的意义。降低规范行为的难度和成本能够引导更多个体实施行为,有利于形成描述性社会规范,为社会规范向预想的方向演化提供了行为事实基础。再一个,行为的实施有利于形成生态价值观。心理学的研究表明,人类的行为心理上存在着信念与行为趋向一致的规律,也就是说,人们总试图避免信念和行为产生冲突。因此,个体在实施行为的基础上,有利于生态价值观的形成,最终有利于全社会普遍的环境社会规范的激活。

四、完善环境立法并强化环境法的实施

在现阶段,要使环境社会规范能够发挥基本的作用,必须依赖完善的环境立法并强化环境法的实施。要通过法律制裁的强制力来突破现有的困局,营造环境社会规范激活的社会氛围,形成环境社会规范激活良性发展的生长点。

环境法律的颁布和强有力的环境法律实施,能够使人们开始更多关注环境问题并重新审视人与自然的关系。这有助于改变人们原先对环境问题的看法,有助于改变原有的价值观念,重新确立生态主义的价值观。环境法律的颁布和强有力的环境法律实施,能够使人们明确环境危害行为与环境危害结果之间的因果关系,更加明确地认识到是人类的行为造成了环境危害后果,以及只有人类行为的改变才可以缓解环境危害后果。再一个,对环境危害行为的法律制裁能够增加行为个体的耻辱感、强化道德义务感。这些都有助于激活环境个人规范。

完善的环境法律体系和强有力的环境法律实施,彰显了法律制裁的强制力和威慑力,能够在短时间内改变大多数人的行为,有利于形成积极描述性规范。法律制裁较大程度地统一了人们对环境危害行为的负面评价,会对不良环境行为形成较大的社会压力,有利于命令性规范的激活。总体来看,环境法律的颁布和强有力的环境法律实施,有助于激活环境社会规范。

参 考 文 献

一、中文著作

[1]魏建:《法经济学:分析基础与分析范式》,人民出版社 2007 年版。

[2]刘凤良等:《行为经济学:理论与扩展》,中国经济出版社 2008 年版。

[3]周路:《当代实证犯罪学新编——犯罪规律研究》,人民法院出版社 2004 年版。

[4]黎国智、马宝善:《犯罪行为控制论》,中国检察出版社 2002 年版。

[5]赵秉志:《刑法基础理论探索》,法律出版社 2002 年版。

[6]江平、费安玲:《中国侵权责任法教程》,知识产权出版社 2010 年版。

[7]钟学富:《物理社会学》,中国社会科学出版社 2002 年版。

[8]高格:《犯罪与刑罚》(上卷),中国方正出版社 1999 年版。

[9]储槐植:《美国刑法》,北京大学出版社 1996 年版。

[10]严存生:《西方法律思想史》,法律出版社 2004 年版。

[11]陈兴良:《刑法哲学》,中国政法大学出版社 1992 年版。

二、中文译著

[1]《马克思恩格斯全集》第 19 卷,人民出版社 1963 年版。

[2][美]波斯纳:《法律的经济分析》(上),蒋兆康译,中国大百科全书出版社 1997 年版。

[3][美]波斯纳:《法律理论的前沿》,武欣、凌斌译,中国政法大学出版社 2003 年版。

[4][英]戴维·M.沃克:《牛津法律大辞典》,李盛平等译,光明日报出版社 1988

年版。

[5][美]罗尔斯:《正义论》,何怀宏等译,中国社会科学出版社 1988 年版。

[6][美]波斯纳:《正义/司法的经济学》,苏力译,中国政法大学出版社 2002 年版。

[7][美]波斯纳:《法理学问题》,苏力译,中国政法大学出版社 2001 年版。

[8][美]弗里德曼:《经济学语境下的法律规则》,杨欣欣译,法律出版社 2004 年版。

[9][美]贝克尔:《人类行为的经济分析》,王业宇等译,上海人民出版社 2008 年版。

[10][英]边沁:《道德与立法原理导论》,时殷弘译,商务印书馆 2000 年版。

[11][意]贝卡里亚:《论犯罪与刑罚》,黄风译,中国法制出版社 2005 年版。

[12][美]麦考罗等:《经济学与法律——从波斯纳到后现代主义》,吴晓露等译,法律出版社 2005 年版。

[13][美]史蒂文·拉布:《美国犯罪预防的理论实践与评价》,张国昭等译,中国人民公安大学出版社 1993 年版。

[14][美]博登海默:《法理学:法律哲学与法律方法》,邓正来译,中国政法大学出版社 1998 年版。

[15][美]埃里克森:《无需法律的秩序:邻人如何解决纠纷》,苏力译,中国政法大学出版社 2003 年版。

[16][美]波斯纳:《法律与社会规范》,苏力译,中国政法大学出版社 2004 年版。

[17][美]彼得·哈伊:《美国法律概论》,沈宗灵译,北京大学出版社 1983 年版。

[18][日]小野清一郎:《犯罪构成要件理论》,王泰译,中国人民公安大学出版社 1991 年版。

[19][英]哈耶克:《自由秩序原理》(上),邓正来译,生活·读书·新知三联书店 1997 年版。

[20][意]杜里奥·帕多瓦尼:《意大利刑法学原理》,陈忠林译,法律出版社 1998 年版。

三、中文论文

[1]李来儿、赵烜:《中西方“社会成本”理论的比较分析》,《经济问题》2005 年第 7 期。

[2]齐延平:《法的公平与效率价值论》,《山东大学学报(社会科学版)》1996 年第

1 期。

[3]顾培东:《效益:当代法律的一个基本价值目标》,《中国法学》1992 年第 3 期。

[4]武翠芳:《环境公平研究进展综述》,《地球科学进展》2009 年第 11 期。

[5]郑晓明等:《社会规范研究综述》,《心理科学进展》1997 年第 5 期。

[6]郑杭生、郭星华:《当代中国犯罪现象的一种社会学探讨——“犯罪成本”与“犯罪获利”》,《社会科学战线》1996 年第 4 期。

[7]王继华:《法律中的经济成本探论》,《社会科学辑刊》2001 年第 3 期。

[8]吴闻:《浅析犯罪成本心理》,《广西社会科学》2002 年第 5 期。

[9]程荣:《论犯罪成本的经济学分析》,《内蒙古农业大学学报(社会科学版)》2011 年第 3 期。

[10]白建军:《论法律实证分析》,《中国法学》2000 年第 4 期。

[11]王志强:《刑罚威慑的预防犯罪效应探析》,《中国人民公安大学学报》2004 年第 4 期。

[12]白建军:《控制社会控制》,《中外法学》2000 年第 2 期。

[13]梁根林:《刑罚威慑机制初论》,《中外法学》1997 年第 6 期。

[14]郑晓明、方俐洛、凌文辁:《社会规范研究综述》,《心理科学进展》1997 年第 5 期。

[15]何燕:《析中国环境执法的现状与完善》,《中国人口·资源与环境》2010 年第 5 期。

[16]刘仁文:《刑法中的严格责任研究》,《比较法研究》2001 年第 1 期。

[17]杨磊:《英美刑法中的遵循先例原则述评》,《中国刑事法杂志》1999 年第 5 期。

[18]骆梅芬:《英美法系刑事法律中严格责任与绝对责任之辨析》,《中山大学学报(社会科学版)》1999 年第 5 期。

[19]桂林:《执法俘获:法治危害及其治理路径》,《上海行政学院学报》2010 年第 5 期。

四、英文文献

[1]Ajzen I.,“The Theory of Planned Behavior”,*Organizational Behavior And Human Decision Processes*,Vol.50,No.2.(1991).

[2]Abrahamse W.,Steg L.,“Factors Related to Household Energy Use and Intention to Reduce it:the Role of Psychological and Socio-demographic Variables”,*Human Ecology Re-*

view, Vol.40, No.3.(2011).

[3] Becker, G. S., "Crime and Punishment: An Economic Approach", *Journal of Political Economy*, Vol.76, No.1.(Mar., 1968).

[4] Baker L.A., Emery R.E., "When every relationship is above average: Perceptions and expectations of divorce at the time of marriage", *Law and Human Behavior*, Vol.17, No.4.(1993).

[5] Coase, R.H., "The problem of social cost", *The Journal of Law and Economics*, Vol. 3.(Oct., 1960).

[6] Calabresi G., *The cost of accidents: a legal and economic analysis*, New Haven, CT: Yale University Press, 1970.

[7] Camerer, C.and G., "Loewenstein.Behavioral Economics: past, present and future", In Advances of Behavioral Economics, C.Camerer, G.Loewenstein and M.Rabin(eds.), Princeton: Princeton University Press, 2004.

[8] Cohen M.A., "Pain, Suffering and Jury Awards: A Study of the Cost of Crime to Victims", *Law and Society Review*, Vol.22, No.3.(1988).

[9] Cohen M.A., Rust R.T., Steen S, & Tidd S.T., "Willingness-to-pay for Crime Control Programs", *Criminology*, Vol.42, No.1.(2004).

[10] Cohen M.A., "Measuring the Costs and Benefits of Crime and Justice", *Criminal Justice*, Vol.4, No.1.(2000).

[11] Cook P.J., "Costs of Crime", In Encyclopedia of Crime and Justice, Sanford (eds.), New York: Free Press, 1983.

[12] Cooter R.D., Feldman M., Feldman Y., "The Misperception of Norms: The Psychology of Bias and the Economics of Equilibrium", *Review of Law & Economics*, Vol.4, No.3.(2008).

[13] Cooter R.D., "Lapses, Conflict, and Akrasia in Torts and Crimes: Towards an Economic Theory of the Will", *International Review of Law and Economics*, Vol. 11, No. 2.(1991).

[14] Cialdini R.B., Reno R.R., Kallgren C.A., "A Focus Theory of Normative Conduct: Recycling the Concept of Norms to Reduce Littering in Public Places", *Journal of Personality & Social Psychology*, Vol.58, No.6.(1990).

[15] Chen A., Peng N., "Green Hotel Knowledge and Tourists' staying Behavior", *Annals of Tourism Research*, Vol.39, No.4.(2012).

[16] Chan L., Bishop B., "A Moral Basis for Recycling: Extending the Theory of Planned Behavior", *Journal of Environmental Psychology*, Vol.36, No.3. (2013).

[17] Charles J. Babbitt, "Discretion and The Criminalization of Environmental Law", *Duke Environmental Law & Policy Forum*, (full, 2004).

[18] Cohen, M.A., "Optimal Enforcement Strategy to Prevent Oil Spills: An Application of a Principal-Agent Model with Moral Hazard", *Journal of Law and Economics*. Vol.30, No. 1. (1987).

[19] Church J.M., "A Market Solution to Green Marketing: Some Lessons from the Economics of Information", *Minn Law Review*, Vol.79. (1994).

[20] Dick Thornburgh, "Criminal Enforcement of Environmental Laws–A National Priority", *Geo. Wash. L. Rev.* Vol.59, (1991).

[21] De Groot, J.I.M., Steg, L., "Morality and Pro-social Behavior: the Role of Awareness, Responsibility, and Norms in the Norm Activation Model", *Journal of Social Psychology*, Vol.149, No.9. (2009).

[22] Dao M.A., Ofori G., "Determinants of firm compliance to environmental laws: a case study of Vietnam", *Asia Europe Journal*, Vol.8, (Jan., 2010).

[23] Deutsch M., Gerard H.B., "A Study of Normative and Informational Social Influences upon Individual Judgement", *The Journal of Abnormal and Social Psychology*, Vol.51, No.1. (1955).

[24] Ehrlich I., "Participation in Illegitimate Activities: A Theoretical and Empirical Investigation", *The Journal of Political Economy*, Vol.8, No.3. (May-Jun., 1973).

[25] Feld L. P., Frey B. S., "Tax compliance as the result of a psychological tax contract: The role of incentives and responsive regulation", *Law & Policy*, Vol. 29, No. 1. (2007).

[26] Fajnzylber P., Lederman D., Loayza N., "Inequality and Violent Crime", *Journal of Law and Economics*, Vol.45, No.1. (Apr., 2002).

[27] Falzer P.R., Garman D.M., "Contextual Decision Making and the Implementation of clinical Guidelines: an Example from Mental Health", *Academic Medicine Journal of the Association of American Medical Colleges*, Vol.85, No.3. (2010).

[28] Gould, Eric D., Bruce A. Weinberg, and David B. Mustard. "Crime Rates and Local Labor Market Opportunities in the United States: 1979-1997", *Review of Economics and statistics*, Vol.84, No.1. (Feb., 2002).

[29] Grasmick H.G., Bryjak G.J., "The Deterrent Effect of Perceived Severity of Punishment", *Social Forces*, Vol.59, No.2. (1980).

[30] Gockeritz S., Schultz P.W., Rendot T., et al., "Descriptive Normative Beliefs and Conservation Behavior: The Moderating Roles of Personal Involvement and Injunctive Normative Beliefs", *European Journal of Social Psychology*, Vol.40, No.3. (2010).

[31] Goldstein N.J., Cialdini R.B., Griskevicius V., "A Room with a Viewpoint: Using Social Norms to Motivate Environmental Conservation in Hotels", *Journal of Consumer Research*, Vol.35, No.3. (2008).

[32] Gibbons S. "the Costs of Urban Property Crime", *The Economic Journal*, Vol.114, (2004).

[33] Harel A., Segal U., "Criminal Law and Behavioral Law and Economics: Observations on the Neglected Role of Uncertainty in Deterring Crime", *American Law and Economics Review*, Vol.1, No.1. (1999).

[34] Hunter S., Waterman R.W., "Enforcing the law: The case of the Clean Water Acts", *American Political Science Review*, Vol.92, No.3. (1998).

[35] Hart, *Punishment And Responsibility: Essays In The Philosophy Of Law*, New York: Oxford University Press, 2008.

[36] Jolls C., "Behavioral economics analysis of redistributive legal rules", *Vanderbilt Law Review*, Vol.51. (1998).

[37] Jolls C., "On law enforcement with boundedly rational actors", *Harvard Law and Economics Discussion Paper*, No.494. (Sep., 2004).

[38] Kaldor N., "Welfare Propositions of Economics and Interpersonal Comparisons of Utility", *The Economic Journal*, Vol.49. (Sep., 1939).

[39] Keel R.O., "Rational Choice and Deterrence Theory", January 21, 2011 from http://www.umsl.edu/~keelr/200/ratchoc.html.

[40] Kathleen F.Brickey, "Environmental Crime at the Crossroads: The Intersection of Environmental and Criminal Law Theory", *TUL.L.REV.* Vol.71, (1996-97).

[41] Kepten D. Carmichael. "Strict Criminal Liability for Environmental Violations: A Need for Judicial Restraint", *Indiana Law Journa. Volume*, Vol.71, (1996).

[42] Kuperan, K., & Sutinen, J. Blue Water. "Crime: Deterrence, Legitimacy, and Compliance in Fisheries", *Law & Society Review*, Vol.49, No.2. (1939).

[43] Levitt S.D., Miles T.J., "Empirical Study of Criminal Punishment", *Handbook of*

law and economics, No.1.(2007).

[44] Kathryn E.Mc Collistera, Michael T.Frenchb, Hai Fang, "The Cost of Crime to Society: New Crime-specific Estimates for Policy and Program Evaluation ", *Drug and Alcohol Dependence*, Vol.108, No.1-2.(Apr., 2010).

[45] Logan C.H., "General Deterrent Effects of Imprisonment", *Social Forces*, Vol.51.(Sep., 1972).

[46] List J.A., Gallet C.A., "What Experimental Protocol Influence Disparities Between Actual and Hypothetical Stated Values?", *Environmental & Resource Economics*, Vol. 20, (2001).

[47] Mcadams R., "The Origin, Development, and Regulation of Norms", *Michigan Law Rev*, Vol.96, No.2.(1997).

[48] Manning M., "The Effects of Subjective Norms on Behaviour in the Theory of Planned Behaviour: a Meta-analysis", *British Journal of Social Psychology*, Vol.48, No.4.(2009).

[49] Michael P.Vandenbergh, "Order without Social Norms: how Personal Norm Activation can Protect the Environment", *Social Science Electronic Publishing*, Vol. 99, No. 3.(2005).

[50] Michael Ray Harris, "Promoting Corporate Self-Compliance: An Examination of the Debate Over Legal Protections for Environmental Audits", *Ecology Law Quarterly*, Vol. 23, No.4.(1996).

[51] Morelli J.A., "Performing environmental audits: An engineer's guide", *Chemical Engineering*, Vol.101, No.2.(1994).

[52] Mendes S.M., McDonald M.D., "Putting Severity of Punishment Back in the Deterrence Package", *Policy Studies Journal*, Vol.29, No.4.(2001).

[53] Mathis K., *Efficiency instead of justice?: Searching for the philosophical foundations of the economic analysis of law*, Berlin: Springer Science & Business Media, 2009.

[54] Mark A.Cohen, "Monitoring and Enforcement of Environmental Policy", *International Yearbook of Environmental and Resource Economics*, Volume III, Tom, Tietenberg and Henk, Folmer(eds.), Williston: Edward Elgar publishers, (1999).

[55] Smith J.R., Louis W.R., Terry D.J., et al., "Congruent or Conflicted? The Impact of Injunctive and Descriptive Norms on Environmental Intentions", *Journal of environmental psychology*, Vol.32, No.4.(2012).

[56]Nolan J.M.,Schultz P.W.,Cialdini R.B.,et al.,"Normative Social Influence is Underdetected", *Personality and Social Psychology Bulletin*,Vol.34,No.7.(2008).

[57]Polinsky and Shavell,"The Economic Theory of Public Enforcement of Law", *Journal of Economic Literature*,Vol.38,No.1.(Mar.,2000).

[58] Polinsky, A. M., *An Introduction To Law and Economics*, Boston: Little, Brown,1989.

[59]Posner,R.A.,*Economic Analysis of Law*,BeiJing:CHINA CITIC Press,2003.

[60]Posner,R.A.,"Utilitarianism,economics,and legal theory",*The Journal of Legal Studies*,Vol.8,No.1.(Jan.,1979).

[61]Posner,R.A.,"An Economic Theory of the Criminal Law",*Columbia Law Review*, Vol.85,No.6.(Oct.,1985).

[62]Posner, R. A., "The Economic Approach of Law", *Texas Law Review*, Vol. 53. (1975).

[63]Robert E.Scott,"The limits of Behavioral Theories of Law and Social Norms",Cardozo Law School Working Paper,(Sep.,2000).

[64]"Reduce Crime ",Olympia:Washington State Institute for Public Policy,(1999).

[65] Raphael S., Winter-Ebmer R., "Identifying the Effect of Unemployment on Crime",*Journal of Law and Economics*,Vol.44,No.1.(Aug.,2001).

[66]Robinson and Darley,"Does Criminal Law Deter? A Behavioral Science Investigation", *Oxford Journal of Legal Studies*,Vol.24,No.2.(2004).

[67]Robinson P.H.,"Role of Deterrence in the Formulation of Criminal Law Rules:At Its Worst When Doing Its Best",University of Pennsylvania Carey Law School,Faculty Scholarship at Penn Law,(2003).

[68]Riper C.J.V.,Kyle G.T.,"Understanding the Internal Processes of Behavioral Engagement in a National Park:a Latent Variable Path Analysis of the Value-belief-norm Theory",*Journal of environmental psychology*,Vol.38,No.3.(2014).

[69]Sutinen J.G.,Kuperan K.,"A socio-economic theory of regulatory compliance", *International journal of social economics*,Vol.26,No.1.(1999).

[70]Shavell S.,"A note on marginal deterrence",*International Review of Law and Economics*,Vol.12,No.3.(1992).

[71]Stigler,George J.,"The optimum enforcement of laws",*Journal of political economy*,Vol.78,No.3.(1970).

[72]Steve A.,Polly P.,Robert B.,and Roxanne L.,*The Comparative Costs and Benefits of Programs to and Benefits of Programs to Reduce Crime*,Olympia:Washington State Institute for Public Policy,(1999),pp.54-58.

[73] Schwartz S.H.,"Normative Influences on Altruism ",*Advances in experimental social psychology*,Vol.10.(Jan.,1977).

[74]Stern P.C.,"New Environmental Theories:toward a Coherent Theory of Environmentally Significant Behavior",*Journal of Social Issues*,Vol.56,No.3.(2000).

[75] Schultz P.W.,"Changing Behavior With Normative Feedback Interventions:A Field Experiment on Curbside Recycling",*Basic & Applied Social Psychology*,Vol.21,No.1.(1999).

[76]Stern P.C.,Dietz Z.T.,Abel T.,et al.,"A Value-belief-norm Theory of Support for Social Movements:the Case of Environmental Concern", *Human Ecology Review*,Vol.6,No.2.(1999).

[77]Sayre,"Public Welfare Offenses",*Colum.L.Rev.*,Vol.33.(1933).

[78]Trumbull W.N.,"Who has Standing in Cost-benefit Analysis?",*Journal of Policy Analysis and Management*,Vol.9,No.2.(1990).

[79] Thaler, Richard,"A Note on the Value of Crime Control:Evidence from the Property Market",*Journal of Urban Economics*,Vol.5,No.1.(1978).

[80]Teichman D.,"Optimism Bias of the Behavioral Analysis of Crime Control",*University of Illinois Law Review*,Vol.2011,No.5.(2011).

[81]Tversky A.,Kahneman D.,"Availability:A Heuristic for Judging Frequency and Probability",*Cognitive psychology*,Vol.5,No.2.(1973).

[82]van Winden,Frans,"On the Behavioral Economics of Crime",*Review of Law & Economics*,Vol.8,No.1.(2012).

[83]White K.M.,Smith J.R.,Terry D.J.,et al.,"Social Influence in the Theory of Planned Behaviour:The Role of Descriptive,Injunctive,and In - group Norms",*British Journal of Social Psychology*,Vol.48,No.1.(2009).

[84] Wesley P.S., Azar M.K., Adam C.Z.,"Using Normative Social Influence to Promote Conservation among Hotel Guests",*Social Influence*,Vol.3,No.1.(2008).

[85] Zinn M.D.,"Policing Environmental Regulatory Enforcement:Cooperation,Capture,and Citizen Suits",*Stanford Environmental Law Journal*,Vol.21.(2002).

附　　录

附录1：环境法实施策略调整方法、选择标准的说明

环境法实施经济分析的目的不是经济分析本身，而是为以效率为目标的环境法实施策略提供调整方法、选择标准。为了实现更好的环境保护，环境法实施部门，包括环境执法部门、环境司法部门（法院、检察院、公安部门），对执法、司法的策略（例如，执法、司法强度）如何调整、选择，执法、司法资源在同一部门或不同的部门之间如何分配，有着现实的需求。为了便于环境法实施部门掌握执法、司法的策略调整、选择，以下对以效率为目标的环境法实施策略调整方法、选择标准加以简明扼要说明。

一、环境法实施策略调整、选择的前提

（一）坚持效率标准

如何确定环境法实施的强度，如何将有限的执法、司法资源在同一部门或不同的部门之间进行分配，如何衡量环境法实施政策、策略的效果，这需要一个贯彻始终的原则性标准。我们认为，在理论层面上，公平和效率可以同等待

之，但在操作层面上，应当将效率作为环境法实施价值衡量的一个优先性标准。因为利益视角的不同，人对公平的理解是不同的，公平或者环境公平难以形成一个较为一致的定义，难以在实践层面上作为一个原则性标准，评价、衡量环境法实施策略的效果。效率价值以一种货币化的成本与收益为基础，以成本最小化为目的，能够提供一种较为客观、一致同意的价值标准，可以用来判断环境法实施的水平，合理分配执法、司法资源，衡量、预测环境法实施策略的效果。实际上，每一个政府部门基本上都在试图，用较少的资源完成既定的工作，这本身就是对效率的追求。

（二）明确环境行为的动因

生态环境的保护和改善依赖于改变或规范不良的人类环境行为，环境法实施的目标在于改变人们的环境不良行为，或者说抑止、减少、预防环境违法犯罪行为，促使人们普遍的环境守法。了解影响环境行为主体的行为动因是制定合理的、有效率的环境法实施策略的前提。理性的效用最大化是人们行为选择的基本动因，同样，其也是环境行为选择的基本动因。在环境行为决策过程中，人们还会受到环境处罚认知有限性的制约，人们大多数情况下并不是依据效用的最大化进行决策，而是按照固有的心理或认知规律进行决策。环境社会规范、环境个人道德、环境法实施正当性认知，也是影响环境行为选择的重要动因。有效率的环境法实施不仅要建立在理性选择的基础之上，同时要考虑环境处罚认知有限性、环境社会规范、环境个人道德、环境执法司法的正当性认知对环境行为选择的影响。

（三）明晰环境法实施成本

环境法实施政策、策略的选择标准是成本最小化，这要明确环境法实施的各种成本。环境法实施的相关成本，包括环境违法犯罪危害成本和环境违法犯罪控制成本。环境违法犯罪危害成本，包括生态环境损失成本、直接和间接的人身财产损失、诉讼和预防费用等。环境违法犯罪控制成本,包括环境执法、司法成本、监禁成本等。

二、环境法实施策略基本调整方法、选择标准

环境法实施的关键环节,是对环境违法犯罪行为的处罚,以此威慑潜在环境违法犯罪行为,达到减少、预防环境违法犯罪行为的效果。因此,环境法实施的基本策略,是调整、选择环境违法犯罪行为的处罚强度或处罚水平,以达到有效减少、预防环境违法犯罪行为的效果。在效率目标下,环境法实施策略调整的方向是,选择成本最小化的针对环境违法犯罪行为的处罚强度或处罚水平,实现最大化的减少、预防环境违法犯罪行为。

环境法实施策略首先是一个有效的策略,即能够有效地减少、预防(有效地威慑)环境违法犯罪行为。一个使环境法实施策略产生效果的基本条件是执法、司法部门所提供的必要的处罚要等于违法犯罪的预期成本。违法犯罪的预期成本是可能受到的处罚乘以其实际实现的概率。在环境法实施中,处罚实现的概率实际上是环境违法犯罪的处罚概率,其是实际受到处罚的环境违法犯罪数量与实际存在的环境违法犯罪数量的比值。如果执法、司法部门,仅仅按查实的环境违法犯罪行为引起的损害来进行处罚,不考虑处罚概率,将不能有效威慑环境违法犯罪。一个有效的环境法实施策略的调整方法是使处罚趋近于环境违法犯罪的预期成本。

一个有效的环境法实施策略不见得是有效率的,效率涉及成本最小化问题。环境法实施策略成本最小化的方法有两个:一个是合理选择处罚概率和处罚强度,即将司法资源在处罚概率和处罚强度之间进行合理分配。处罚概率与处罚强度是此消彼长的关系,它们所消耗的司法资源也是此消彼长的,当一个处罚概率与处罚强度组合所消耗的司法资源相加之和最小化时,处罚概率和处罚强度的选择就是有效率的,经济学上的判断标准是边际处罚概率成本与边际处罚强度成本相等。环境法实施策略成本最小化的另外一个方法是

选择合理的处罚威慑水平。处罚威慑水平与环境违法犯罪数量是此消彼长的关系,环境违法犯罪数量与环境损害总量成正比,本质上是一种社会成本。在既定处罚威慑水平下,消耗在处罚环境违法犯罪上的成本与环境损害总量相加之和最小化时,此时的处罚威慑水平是最合理的,也是有效率的。在经济学上,有效率的处罚威慑水平的判断标准是处罚威慑边际成本与环境违法犯罪边际成本相等。

环境法实施策略主要是处罚威慑策略。有效率的处罚威慑必须符合三个条件,首先,执法、司法部门给出的处罚必须是有效的,即判决的处罚在乘以处罚概率后,作为预期处罚成本能够抵消环境违法犯罪所得。如果处罚不是有效的,也就谈不上是有效率的。其次,既定处罚威慑水平的处罚概率与处罚强度的组合是最优的,即处罚概率与处罚强度的组合成本最小化。其三,处罚威慑水平是最优的,即该处罚威慑水平下,环境违法犯罪危害成本与处罚威慑成本最小化。这三个条件相互关联、相互依存,这反映了环境法实施策略效率影响因素的复杂性,这也说明环境实施效率只是一种理想状态,在现实世界里可能难以实现,也难以观测到,但这不能说明描述环境法实施的效率实现条件是没有意义的,相反,效率实现条件提供了重要的可观测的判断标准。当判断一项策略是有利于促成效率实现的条件时,就可以判断这项策略具有正当性。环境法实施整体效率状态很难观测,但一项政策、策略是否有利于促成效率实现的条件,是相对容易的。当我们观测到所有的策略是有利于促成效率实现的条件时,我们大体可判断整体环境法实施是趋向效率的。

三、促成有效率的环境法实施的辅助性策略或措施

环境法实施效率的提高是一个系统化的工程,不仅要求环境执法、司法部门选择促成效率的环境执法、司法策略,也要求环境执法、司法部门采取低成本的非执法、司法措施;不仅要求环境执法、司法部门采取措施提高环境法实施的效率,也要求非环境执法、司法部门采取措施提高环境法实施的效率。采

取低成本的非执法、司法措施来提高环境法实施效果,也是有效率的环境法实施的内在要求。有利于提高环境法实施效率的低成本非执法、司法措施,主要有以下几个方面:

(一)减少处罚认知的有限性

环境行为的选择原则上建立在理性效用最大化的基础之上,但在实际的环境行为选择时会受有限理性的制约,即按照固有的心理或认知规律进行决策。人们的固有心理或认知规律,包括认知偏见、自我失控等。固有的心理或认知规律会阻碍环境处罚威慑效率的实现,这是环境法实施应当予以避免的。

(二)激活环境社会规范

环境行为选择会受到环境社会规范、环境个人道德的重要影响。环境社会规范、个人环境道德的遵守无需付出太多的成本,通过环境社会规范、个人环境道德来促进环境法的遵守,无疑会降低环境法实施的成本,提高环境法实施的效率。环境社会规范、环境个人道德不会自然而然地产生作用,这需要相关部门采取措施,以激活人们的环境社会规范、环境个人道德。

(三)提高环境法实施正当性的认知

根据社会规范动因理论,环境法实施的正当性是影响环境守法意愿的重要因素,一旦行为人认知到环境法律实施的正当性,环境法遵守的自愿性会增强。在当前环境保护的形势下,强化公共环境执法是一个必然的选择,但公共环境执法的强制性、严厉性容易引起环境监管相对人的不满和对抗,从而降低环境守法意愿。因此,执法部门在强化强制性环境执法的同时,应当创新、改革环境执法方式,使环境执法更趋合理,提高执法相对人对环境法实施正当性的认知,以此增强执法相对人的环境守法意愿,达到更好的环境法实施效果。

附录2:提高环境法实施正当性认知的措施

环境法实施的目的在于促进环境守法行为,而环境守法行为跟环境守法意愿密切相关。影响环境法律实施正当性认知的因素包括行为人生态价值观,环境执法、司法的公平性和合理性。这里,重点关注环境执法的合理性问题。狭义的环境法实施,仅涉及国家机关的公共环境执法,其具有强制性、严厉性等特点。因此,执法部门在强化强制性环境执法的同时,应当创新、改革环境执法方式。

一、环境执法有"刚性"和"柔性"两种方式

"刚性"环境执法是一种通过法律诉讼或行政命令完成的正式的环境执法,具有强制性、严厉性、威慑性等特征。"刚性"环境执法建立在对监管相对人的守法不信任的基础之上,采取一种对抗的方式来完成执法,其赖于对环境法规的准确地、严格地适用,执法人员的裁量权被严格地限制,力求一致性对待所有的环境违法行为。"刚性"环境执法的主要目的是通过对环境违法行为的严厉处罚,使监管相对人对惩罚产生一种可靠的反应,力求使惩罚具有一种普遍的、具体的威慑效果,确保监管相对人遵守环境法。"刚性"环境执法存在明显的弊端,它可能激起对执法的对抗,降低了环境守法的自愿性。

"柔性"环境执法是不以强制监管相对人服从、接受处罚或命令为目的的非正式环境执法,其建立在信任监管相对人能够自愿守法的基础之上,旨在通过一些非正式执法项目提高相对人的守法能力或提供守法的动机。执法期间,执法人员可以对法规进行相对自由的解释。为了追求执法的合理性,执法人员具有较大的自由裁量权,可以根据不同的实际情况对监管相对人的环境违法行为做出不同的处理。执法人员与监管相对人一般要通过谈判或商谈达成环境守法的协议,以此确定监管相对人履行环境法义务的时间表、守法规划

和具体措施。“柔性”环境执法以提高监管相对人的守法能力，增强他们的守法动机为目的，容易认同、接受环境执法，提高环境法实施正当性的认知，也会激发监管相对人环境守法的自觉性。“柔性”环境执法可以中和“刚性”环境执法的严厉性，整体上提高环境法实施的效果。

当下，我国生态环境部门的基本执法方针是保持“严”的主基调，“用最严格制度最严密法治保护生态环境”，继续强化环境行政监管和环境刑法实施，但并不排除环境执法方式的创新与变革，特别是经过一定时期的严格的环境法实施之后，潜在环境违法犯罪人的违法犯罪动机被抑制，社会公众的环境守法意愿增强，环境执法具体策略的选择就没必要保持原先的张力。再者，持续的“刚性”执法的强化，引起持续的执法成本的增加，在资源有限的背景下，环境执法总有成本的上限，环境执法机关也有必要创新执法方式、降低执法成本。生态环境部在《2021 年中国生态环境统计年报》中指出，各级生态环境部门继续保持“严”的主基调，围绕优化执法方式，提高执法效能，健全机制，创新举措。这也说明，创新执法方式、降低执法成本、提高环境法实施效率是各级环境执法部门的内在需求。

二、提高环境法实施正当性认知的措施

（一）守法商谈

如果执法机构认为企业存在环境违法行为，首先与企业进行商谈或协商，在明确违法行为的性质和潜在的法律责任的前提下，制定双方都同意的完成守法的时间表、过程规划、方法措施。

（二）提供全面的环境守法信息服务

环境守法信息服务的主要内容包括法规教育和技术培训。法规教育旨在说明或解释环境法律、法规，具体内容包括：环境法律、法规保护的内容，其要

避免的环境不利后果,环境法律、法规适用对象,环境法律、法规的内容或履行义务,不遵守环境法律、法规的后果等。技术培训旨在说明或提供为正确履行环境法义务需要做出的技术或管理上的改变,具体内容包括生产设备的购买、改造和运行,最新的环保技术的改进,最佳收益的管理方法等。在多媒体时代,守法援助项目可以通过多种途径来完成:其一是监管相对人自助。环境保护部门负责建立各行各业所需要的守法信息数据库,监管相对人通过计算机网络可以方便地获取完成环境守法所必需的法律、环保技术或管理方法等信息。其二是主动服务。环境保护部门可以通过发放环境守法指南、举办培训班、主动上门援助等方式提供守法援助。其三是监管相对人求助。监管相对人随时可通过电话或其他方式要求环境保护部门及其办事机构派人进行现场技术培训或指导。

(三)建立环境违法行为自我报告激励制度

我国企业数量庞大,它们作为监管对象,都在环境执法管辖范围内。在环保局有限执法资源的情况下,要实现纠正、预防环境违法行为的目的,可能面临众多的难题。为此,一是要求企业建立专门的环境管理部门,监察生产经营的各个环节是否符合相关环境法律和法规,使企业尽可能地发现违反环境法律和法规的生产经营活动。二是建立环境违法行为自我报告激励制度,使企业及时“发现、报告和纠正”环境违法行为。

后　记

拙作是国家社科基金项目“环境法实施效率研究”（批准号：13BFX130）结项成果，从立项到付梓出版历经了整整10个年头。成果出版拖延了这么长的时间，在于“环境法实施效率”专题研究的艰难。拙作应当对我国环境法实施效率状况有所实证研究并予以评价，但立项后发现，相关数据基本是全国性的，以课题组的能力，获取这样的数据是非常困难的，甚至是不可能的，最后，只好放弃环境法实施效率状况的实证研究。再者，“环境法实施效率”专题研究受自身研究能力的局限，特别是自身数学能力低下，使相关建模无法以复杂方式展开，降低了拙作的学术价值。但值得庆幸的是，即使用最简单的经济学常识来分析环境法的实施，相关内容也饶有趣味，相关结论也颇有意义。

拙作的核心，是述及了环境法实施效率实现的三个条件。论述环境法实施效率实现条件的目的，重要的不是判断环境法实施整体效率状态（因为这难以做到），而是为制定、选择环境法实施政策、策略提供可观测的判断标准。当判断一项政策、策略是有利于促成效率实现的条件时，就可以判断这项政策、策略具有正当性。环境法实施整体效率状态很难观测到，但一项政策、策略是否有利于促成效率实现的条件，是易于观测的。当观测到所有的政策、策略是有利于促成效率实现的条件时，大体可判断整体环境法实施是趋向效率的。是否有利于促成效率实现的条件，是判断一项政策、策略正当合理的可行标准。在此基础上,可制定、选择环境法实施的政策、策略,可预测它们的效果,可进一步调整它们。环境法实施效率实现的三个条件,是基于人类行为理性选择的"精练",在一些情况下可能是失效的,这是人类行为复杂性决定的。但这样的"精练"还是有用的,只考虑人类行为的复杂性,我们可能什么也做不了。拙作也试图在行为经济学方面展开环境法实施的研究,但局限于自身这方面的知识,这些研究是粗浅的。

拙作用经济学的方法对环境法实施进行分析,算是一个新的尝试,不可避免存在诸多缺陷。但真心希望这个尝试能够为法学研究添砖加瓦,也希望拙作的研究能为环境法实施政策、策略的制定、选择、调整提供有用的借鉴,算是为人类赖以生存的生态环境家园的保护贡献自己的一份力量。

最后,对笔者所爱的妻子(季雪梅女士)和儿子(张睿清)的支持表示感谢。季雪梅女士承担了全部的家务,对笔者期望颇多。希望笔者的学术成果对得起她的付出,希望拙作的出版能够满足她的心愿。

张福德

2023 年 3 月

于青岛崂山金家岭脚下科萃园

责任编辑:刘　伟
封面设计:石笑梦
版式设计:胡欣欣

图书在版编目(CIP)数据

环境法实施的经济分析/张福德 著. —北京:人民出版社,2024.1
ISBN 978－7－01－026071－6

Ⅰ.①环…　Ⅱ.①张…　Ⅲ.①环境保护-经济分析-研究　Ⅳ.①X196

中国国家版本馆 CIP 数据核字(2023)第 209141 号

环境法实施的经济分析

HUANJINGFA SHISHI DE JINGJI FENXI

张福德　著

人民出版社 出版发行
(100706　北京市东城区隆福寺街 99 号)

北京汇林印务有限公司印刷　新华书店经销

2024 年 1 月第 1 版　2024 年 1 月北京第 1 次印刷
开本:710 毫米×1000 毫米 1/16　印张:13
字数:200 千字

ISBN 978－7－01－026071－6　定价:68.00 元

邮购地址 100706　北京市东城区隆福寺街 99 号
人民东方图书销售中心　电话 (010)65250042　65289539